智慧输变电技术

变压器抗短路能力计算与防控技术分析

邹德旭 洪志湖 代维菊 孟庆民 井永腾 ◎ 编著

西南交通大学出版社
·成 都·

图书在版编目（CIP）数据

变压器抗短路能力计算与防控技术分析 / 邹德旭等编著. -- 成都：西南交通大学出版社，2025.6.
ISBN 978-7-5774-0514-8

Ⅰ．TM4

中国国家版本馆 CIP 数据核字第 2025QJ9794 号

Bianyaqi Kangduanlu Nengli Jisuan yu Fangkong Jishu Fenxi
变压器抗短路能力计算与防控技术分析

邹德旭　洪志湖　代维菊　孟庆民　井永腾　编著

策划编辑 / 李芳芳　李华宇
责任编辑 / 李　伟
责任校对 / 谢伟倩
封面设计 / 墨创文化

西南交通大学出版社出版发行
（四川省成都市金牛区二环路北一段 111 号西南交通大学创新大厦 21 楼　610031）
营销部电话：028-87600564　028-87600533
网址：https://www.xnjdcbs.com
印刷：四川煤田地质制图印务有限责任公司

成品尺寸　185 mm×240 mm
印张　8.25　字数　147 千
版次　2025 年 6 月第 1 版　　印次　2025 年 6 月第 1 次

书号　ISBN 978-7-5774-0514-8
定价　54.00 元

图书如有印装质量问题　本社负责退换
版权所有　盗版必究　举报电话：028-87600562

前言

变压器是利用电磁感应原理来改变交流电压的设备，是电力系统中的关键设备，其安全稳定运行对电网的可靠性起着举足轻重的作用。在众多影响变压器运行可靠性的因素中，外部短路故障所带来的冲击对变压器的危害极为突出。一旦发生短路，变压器绕组将承受巨大的电动力，这可能导致绕组变形、绝缘损坏等严重后果，进而引发停电事故，造成巨大的经济损失。随着电力系统规模的不断扩大，系统短路电流也逐步增加，提高变压器抗短路能力已成为电力行业亟待解决的重要课题。

自 20 世纪起，国内外学者就针对变压器抗短路能力开展了大量的理论研究及试验验证工作，近年来国内众多专家学者和企业技术团队积极投身于相关研究与实践，在理论层面不断深入挖掘变压器短路瞬间的电磁学本质，试图构建更为精准的数学模型来模拟短路行为；在实验研究方面，国内建设了变压器短路试验平台，并依托平台开展了大量的研究工作，在变压器抗短路能力计算方面已取得了较为显著的进展。但是由于变压器绕组在其油箱内部，并且在短路工况下存在强电场和强磁场的运行工况，短路时绕组的受力及动态过程存在难观、难测等问题，影响了人们对变压器抗短路能力计算的认知；同时随着变压器导线原材料及制造工艺技术的发展，致使变压器抗短路能力计算中精准机理模型的构建仍需要进一步开展研究。

本书是编写组成员广泛收集和研读大量公开发表和出版的论文、报告及著作，同时结合自身多年从事变压器抗短路能力计算与防控技术研究的经验、认知和成果编写而成的，旨在为读者呈现一本具有较高参考价值与实用意义的专业书籍。本书聚焦于变压器抗短路能力的计算与防控技术，深入且全面地探讨这一领域的相关知识与实践经验。

本书分为 9 章内容，具体包括绪论、变压器短路电流计算、变压器抗短路能力计算方法、变压器抗短路能力校核研究热点、变压器抗短路能力影响因素、变压器短路试验、变压器绕组变形诊断、变压器短路损失典型案例、防控变压器短路损坏的措施。其中，第 1 章由井永腾负责编写，第 2 章由邹德旭负责编写，第 3 章由邹德旭、孟庆民、洪志湖负责编写，第 4 章由邹德旭、井永腾、代维菊、孙灏若负责编写，第 5 章由邹德旭、孟庆民、严敬义、杨泽文负责编写，第 6 章由邹德旭、洪志湖负责编写，第 7 章由洪志湖、代维菊、闵青云负责编写，第 8 章由王山、代维菊、闵青云、杨泽文负责编写，第 9 章由洪志湖、代维菊负责编写。邹德旭负责全书的组织和统稿工作。

本书系统梳理了当前变压器抗短路能力计算的常用方法，从短路电流计算、抗短路能力计算方法等方面进行了分析，并总结分析了当前计算方法存在的不足和需要进一步研究的方向，同时点出作者认知范围内变压器抗短路计算研究热点问题，可供研究人员进一步开展深入研究。另外，本书结合电网实际运行变压器损坏的案例，对变压器短路损坏的影响因素进行了剖析，并针对现有变压器短路试验与实际运行情况进行了综合分析，在此基础上提出了从结构设计、制造工艺和运行维护等方面防控变压器短路损坏的措施，供电力工作者参考。

本书可供从事变压器设计、制造及电力设备运行维护等相关领域的专业技术人员阅读参考，希望本书能够为推动变压器抗短路能力计算与防控技术的发展贡献一份力量，助力广大电力工作者更好地应对变压器短路故障挑战，以保障电力系统的安全稳定运行。

在本书编写过程中，编写团队查阅了大量资料，参考和引用了相关书籍的部分内容，谨向相关作者表示衷心的感谢。由于编者水平有限，书中论述不妥之处在所难免，恳请广大读者批评指正。

作 者

2024 年 12 月

目录

第1章 绪　论 ··· 1

第2章 变压器短路电流计算 ··································· 3
2.1 国标短路电流计算方法 ····································· 3
2.2 联合运行对变压器短路电流的影响 ····················· 5
2.3 并列运行对变压器短路电流的影响 ····················· 8
2.4 非对称故障短路电流计算 ································· 15
2.5 短路故障相位对短路电流的影响 ······················ 17
2.6 电力系统短路电流计算 ··································· 18
2.7 短路电流计算问题 ··· 20

第3章 变压器抗短路能力计算方法 ························ 21
3.1 辐向抗短路能力计算方法 ································ 21
3.2 短路力的轴向力理论计算方法 ·························· 27
3.3 其他短路力计算方法 ······································ 28
3.4 短路热稳定性校核方法 ··································· 30
3.5 基于仿真的变压器抗短路能力校核方法 ············· 30
3.6 短路校核方法存在的问题 ································ 33

第4章 变压器抗短路能力校核研究热点 ················· 34
4.1 相间耦合对变压器短路受力的影响 ··················· 34

4.2 绕组空间位置短路受力特性分析·················40
4.3 动态特性对抗短路能力的影响·················44
4.4 变压器短路时动态过程试验研究···············51
4.5 重合闸对变压器抗短路能力影响研究···········83
4.6 累积效应对变压器抗短路能力的影响···········83
4.7 热效应对变压器抗短路能力的影响·············84

第 5 章 变压器抗短路能力影响因素··············86

5.1 运行因素·································86
5.2 设计因素·································87
5.3 制造因素·································90

第 6 章 变压器短路试验·······················92

6.1 试验原理及要求···························92
6.2 试验与实际短路工况的差别·················94
6.3 试验未考虑重合闸工况·····················95

第 7 章 变压器绕组变形诊断···················96

7.1 低压脉冲法·······························96
7.2 振动法···································97
7.3 频响法···································97
7.4 短路阻抗法·······························99

7.5 绕组对地电容法 …………………………… 100
7.6 短路阻抗与对地电容的关联分析 …………… 101

第 8 章 变压器短路损坏典型案例 ………… 104

8.1 辐向损坏 …………………………………… 104
8.2 轴向损坏 …………………………………… 107
8.3 累积冲击损坏 ……………………………… 111
8.4 小　结 ……………………………………… 112

第 9 章 防控变压器短路损坏的措施 ……… 113

9.1 设计方面的措施 …………………………… 113
9.2 制造工艺措施 ……………………………… 114
9.3 原材料选择措施 …………………………… 114
9.4 设备选型 …………………………………… 115
9.5 运行维护措施 ……………………………… 115

参考文献 ……………………………………… 116

第1章 绪 论

变压器是电力系统的核心设备,其可靠运行对整个系统的安全稳定至关重要。而变压器遭受短路冲击损坏故障频发,据不完全统计,2002—2003 年国内电网企业 110 kV 及以上电压等级变压器共发生损坏事故 60 台次,其损坏部位统计情况如表 1.1 所示。由此可见,变压器绕组损坏在其事故中所占比例最高,其中由于抗短路能力不够而损坏的变压器有 21 台。

表 1.1　2002—2003 年变压器损坏部位分类　　　　　　　单位:台次

损坏部位	绕组	主绝缘及引线	分接开关	套管	其他	总计
110 kV 变压器	32	2	3	1	3	41
220 kV 变压器	14	0	3	0	0	17
330 kV 变压器	0	0	0	0	0	0
550 kV 变压器	2	0	0	0	0	2
总计	48	2	6	1	3	60
损坏所占比例/%	80.0	3.3	10.0	1.7	5.0	100.0

2004 年,110 kV 及以上电压等级的变压器共发生损坏事故 53 台次,其中因制造方面引起的事故为 41 台次,其损坏事故原因分类如表 1.2 所示。由于绕组抗短路能力不够,损坏的台次占总损坏台次的比例为 51.2%。

表 1.2　2004 年变压器损坏事故原因分类情况

事故原因	损坏台次	各类损坏所占比例/%	事故容量/MV·A
抗短路强度不够	21	51.2%	1 901.0
结构设计不合理	13	31.7%	1 043.0
分接开关质量不良	2	4.9%	100.0
套管质量差	5	12.2%	240.0
总　计	41	100%	3 248.0

第1章 绪 论

2005 年，变压器损坏事故原因分类统计如表 1.3 所示，同样可以看出绕组抗短路能力不够是造成变压器损坏事故的第一大原因，损坏事故数为 8 台次。

表 1.3　2005 年变压器损坏事故原因分类统计

事故原因	损坏台次	各类损坏所占比例/%	事故容量/MV·A
抗短路强度不够	8	53.3%	726.0
制造工艺及材质控制不严	2	13.3%	240.0
分接开关质量不良	5	33.3%	735.2
总　计	15	100%	1 701.2

2007—2011 年，国内电网企业公司统计的 49 台次 110 kV 及以上变压器损坏中，短路导致损坏的变压器共计 34 台次，占比高达 69%。

近年来，变压器短路损坏数据未在公开文献中发表，但是变压器短路损坏问题仍然占比较高，国家能源局《防止电力生产事故的二十五项重点要求》在 2014 版和 2023 版一直将"防止变压器出口短路事故"作为单独的章节提出专项反措条款，可见变压器抗短路能力不足是其故障损坏的一个主要原因。

第 2 章 变压器短路电流计算

变压器短路时受到的电动力与短路电流的大小关系密切,所以短路电流计算是变压器抗短路能力计算的基础,其正确与否直接影响变压器抗短路能力的计算结果。变压器短路电流的大小,与变压器自身阻抗、系统容量、短路方式、运行方式等因素有关,本章对现行的短路电流计算方法进行了分析。

2.1 国标短路电流计算方法

《电力变压器 第 5 部分:承受短路的能力》(GB/T 1094.5—2008)给出变压器短路电流计算公式:

$$I = \frac{U}{\sqrt{3}(Z_t + Z_s)} \tag{2.1}$$

式中 I——对称短路电流的方均根值(kA);
U——绕组的额定电压(kV);
Z_t——变压器阻抗值(Ω);
Z_s——系统阻抗值(Ω)。

$$Z_s = U_s^2 / S \tag{2.2}$$

式中 U_s——系统的标称电压(kV);
S——系统的视在短路容量(MV·A)。

$$Z_t = \frac{z_t U_r^2}{100 S_r} \tag{2.3}$$

式中 z_t——在参考温度、额定电流和额定频率下所测出的主分接短路阻抗,用%表示;
S_r——变压器的额定容量(MV·A);
U_r——变压器的额定电压(kV)。

将式(2.3)和式(2.2)代入式(2.1),且忽略系统标称电压 U_s 与变压器额定电压

第 2 章　变压器短路电流计算

U_r 之间的差异，U_s 用 U_r 代替，则短路电流计算公式如下：

$$I = \frac{U_r}{\sqrt{3}\left(\dfrac{U_r^2}{S} + \dfrac{z_t U_r^2}{100 S_r}\right)} = \frac{1}{\sqrt{3}\left(\dfrac{U_r}{S} + \dfrac{z_t U_r}{100 S_r}\right)} \tag{2.4}$$

将式（2.4）上下同时乘以变压器的额定电流 I_r：

$$I = \frac{I_r}{\sqrt{3} I_r \left(\dfrac{U_r}{S} + \dfrac{z_t U_r}{100 S_r}\right)} = \frac{I_r}{\dfrac{\sqrt{3} I_r U_r}{S} + \dfrac{z_t \sqrt{3} I_r U_r}{100 S_r}} \tag{2.5}$$

因为 $\sqrt{3} U_r I_r$ 为变压器的额定容量 S_r，所以式（2.5）可以写成：

$$I = \frac{I_r}{\left(\dfrac{S_r}{S} + \dfrac{z_t}{100}\right)} \tag{2.6}$$

对称短路电流公式（2.6）中，分子是变压器的额定电流，分母是变压器阻抗电压加上变压器容量与系统视在短路容量之比。所以将推荐值代入式（2.6），就可以得到变压器遭受三相短路冲击时的短路电流。

《电力变压器 第 5 部分：承受短路的能力》（GB/T 1094.5—2008）中还给出了不同电压等级的系统视在短路容量 S（MV·A）推荐值，如表 2.1 所示。

表 2.1　系统短路容量（MV·A）推荐值

标称系统电压/kV	设备最高电压 U_m/kV	短路视在容量/MV·A
6、10、20	7.2、12、24	500
35	40.5	1 500
66	72.5	5 000
110	126	9 000
220	252	18 000
330	363	32 000
500	550	60 000
750	800	83 500

根据上述公式计算出变压器短路电流的有效值，而短路故障时电流会有非周期分

量，GB/T 1094.5—2008 中对变压器进行了分类，Ⅰ类变压器短路容量为 25 ~ 2 500 kV·A，Ⅱ类变压器短路容量为 2 501 ~ 100 000 kV·A，Ⅲ类变压器短路容量为 100 000 kV·A 以上，并根据分类对非对称系数给出了推荐值，具体计算过程及原理会在 2.5 节中进一步分析。

2.2　联合运行对变压器短路电流的影响

上节根据《电力变压器 第 5 部分：承受短路的能力》（GB/T 1094.5—2008）推导了结合变压器自身阻抗及系统阻抗计算短路电流的方法，而实际运行中的变压器的短路电流与电网的运行方式也密切相关。

变压器遭受近区短路时，供电电源点对变压器的短路电流影响较大，目前行业内主要按照一个绕组对的形式来计算变压器的短路电流。通过绕组对方式计算，按照高-中、高-低、中-低运行方式来计算各侧短路电流，此时相当于将三绕组变压器简化为双绕组变压器的形式进行考虑，一个电源点，一个负荷侧。而实际电网运行的变压器存在多电源点供电的方式，需要考虑联合运行的方式，按照一侧短路、另外两侧供电的方式进行考虑，比如低压侧短路，此时高、中压侧同时向低压侧供电。

图 2.1 是低压侧三相对称短路时，高、中压侧共同对低压供电时的等效电路，此时相当于高压、中压并联对低压供电，从等效阻抗的角度来看，相当于高、中压的短路阻抗并联后与低压侧短路阻抗串联。

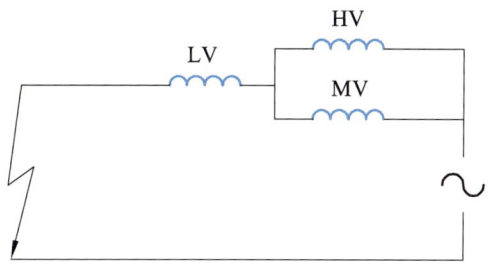

图 2.1　高、中压同时供电时的等效电路

在低压侧短路时，如果仅考虑一侧供电时，此时等效电路如图 2.2 所示。如果高压侧供电，中压侧无电源，从此情况来看，相当于中压侧悬空，从等效阻抗的角度来看，相当于高压的短路阻抗与低压侧短路阻抗串联。同理，如果不考虑高压侧供电，仅考

第 2 章　变压器短路电流计算

虑中压侧有电源接入，相当于高压侧悬空，从等效阻抗的角度来看，相当于中压侧短路阻抗与低压侧短路阻抗串联。

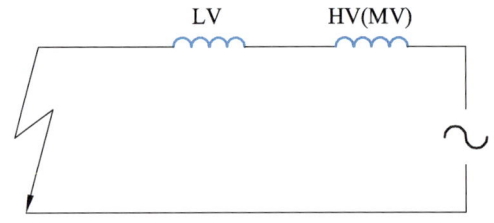

图 2.2　高压（中压）供电时的等效电路

对于电网中运行的变压器，中压侧有电源接入的情况较为常见，本章短路电流计算推导仅考虑高、中压侧有电源接入的运行工况。

下面以某台 220 kV 主变压器（简称主变）为例，介绍三相对称短路时考虑不同电源点接入对短路电流计算结果的影响，该变压器自身的短路阻抗参数如表 2.2 所示。

表 2.2　某 220 kV 主变基本参数

容量/MV·A		180
额定电压/kV		220
短路阻抗/%	高-中	11.55
	高-低	21.48
	中-低	7.3

2.2.1　高压侧有电源点接入

在变压器低压侧发生近区短路时，不考虑低压侧的系统阻抗，仅考虑高压侧的系统阻抗，根据式（2.6），分母下的左面第一项为变压器容量除以 220 kV 系统的视在短路容量：

$$\frac{S_r}{S} = \frac{180}{18\,000} = 1\%$$

而额定挡位时高-低之间的阻抗电压为 21.48%，所以此时低压对称短路时高压侧短路电流的方均根值：

$$I = \frac{I_r}{21.48+1} \times 100 = \frac{472.4}{22.48} \times 100 = 2\,101.4 \text{ (A)}$$

同样，低压侧折算到 180 MV·A 的额定电流为 2 969.3 A，根据式（2.6）计算出低压侧的短路电流为 13 208.6 A（上述计算值为稳态值，未考虑非周期分量）。

2.2.2 中压侧有电源点接入

在变压器低压侧发生近区短路时，不考虑低压侧的系统阻抗，仅考虑中压侧的系统阻抗，根据式（2.6），分母下的左面第一项为变压器容量除以 220 kV 系统的视在短路容量：

$$\frac{S_r}{S} = \frac{180}{9\,000} = 2\%$$

而额定挡位时中-低之间的阻抗电压为 7.3%，所以此时低压对称短路时中压侧短路电流的方均根值：

$$I = \frac{I_r}{7.3+2} \times 100 = \frac{944.7}{9.3} \times 100 = 10\,158 \text{ (A)}$$

同样，低压侧折算到 180 MV·A 的额定电流为 2 969.3 A，根据式（2.6）计算出低压侧的短路电流为 31 927.9 A（上述计算值为稳态值，未考虑非周期分量）。

2.2.3 高、中压有电源点接入

在变压器低压侧发生近区短路时，此时高、中压侧联合向低压侧供电，此时的电路如图 2.1 所示。假设高压侧阻抗电压为 X_H，中压侧阻抗电压为 X_M，低压侧阻抗电压为 X_L，根据变压器的阻抗电压值可得下列公式：

$$X_H + X_M = 11.55\% \tag{2.7}$$

$$X_M + X_L = 7.3\% \tag{2.8}$$

$$X_H + X_L = 21.48\% \tag{2.9}$$

根据以上三式，可得到 $X_H = 12.865\%$，$X_M = -1.315\%$，$X_L = 8.615\%$。

低压侧短路故障时需考虑高、中压侧系统阻抗，根据前面的计算可知，高压侧系统阻抗为 1%，中压侧系统阻抗为 2%，所以根据图 2.1，高压侧的总阻抗为 13.865%，中压侧的总阻抗为 0.685%，低压侧的总阻抗为 8.615%。

因此从低压侧看总阻抗：

$$X_k = [8.615 + 13.865 \times 0.685/(13.865 + 0.685)]/100 = 9.267\%$$

低压侧对称短路时低压侧电流：

$$I = 2\,969.3/9.267 \times 100 = 3\,2041.6\,(A)$$

低压侧对称短路时高压侧电流：

$$I = 2\,969.3/9.267 \times 0.685/(0.685 + 13.865) \times 100 \times 220/35 = 239.9\,(A)$$

低压侧对称短路时中压侧电流：

$$I = 2\,969.3/9.267 \times 13.865/(0.685 + 13.865) \times 100 \times 110/35 = 9\,715.1\,(A)$$

上述计算值为稳态值，未考虑非周期分量。

从上述三种情况的计算来看，考虑不同的电源接入，各个绕组的电流发生了明显变化，首先考虑高、中压侧同时供电时，低压侧高、中压侧的联合供电影响，导致短路工况下整体的阻抗值降低，进而使低压侧的电流增加，本例中低压侧的短路电流较高-低运行时提高了 2.42 倍，较中-低运行时的短路电流也略有提高；其次，由于中压电源点的接入，等效为增加了一个并联支路，使高、中压侧的短路电流值较考虑单独运行方式时都有所减小，其中高压侧减小明显。所以在实际运行中，变压器存在联合运行的工况，在短路电流计算时需要考虑运行工况。

2.3　并列运行对变压器短路电流的影响

实际电网中运行的变压器存在多台主变并列运行的方式，本节分析并列运行对变压器短路电流计算的影响。

2.3 并列运行对变压器短路电流的影响

2.3.1 低压短路

1．工况 1：高压供电，高、中压并列运行

在电网实际运行中，对于降压变压器而言，高压供电，高、中压并列运行，低压分列运行，其主要接线图如图 2.3 所示。

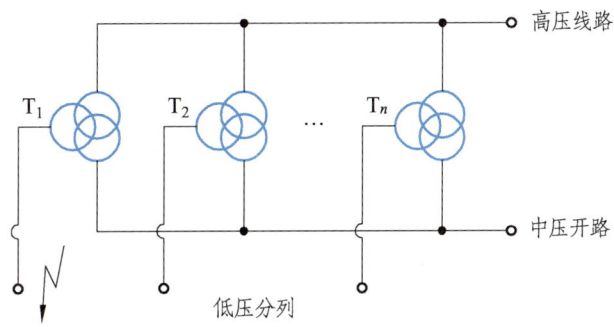

图 2.3 典型电网中变压器运行情况

以两台变压器并列运行为例，假设高压侧供电，中压侧并列运行，低压侧短路，不考虑系统阻抗等值电路如图 2.4 所示。

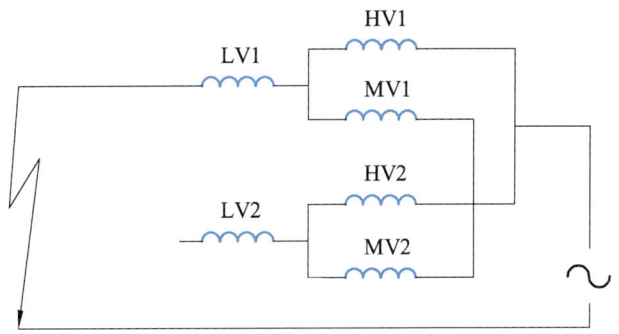

图 2.4 两台高、中压并列运行变压器的等值电路

以表 2.2 中 220 kV 容量为 180 MV·A 主变的参数来分析，$U_{ZH\text{-}M}=11.55\%$，$U_{ZH\text{-}L}=21.48\%$，$U_{ZM\text{-}L}=7.3\%$，进一步推导：

$$U_{HV1}=(U_{ZH\text{-}M}+U_{ZH\text{-}L}-U_{ZM\text{-}L})/2=12.865\%$$
$$U_{MV1}=(U_{ZH\text{-}M}+U_{ZM\text{-}L}-U_{ZH\text{-}L})/2=-1.315\%$$
$$U_{LV1}=(U_{ZH\text{-}L}+U_{ZM\text{-}L}-U_{ZH\text{-}M})/2=8.615\%$$

第 2 章 变压器短路电流计算

两台变压器并联运行时,阻抗相差不超过 2%,假设两台变压器阻抗相同,容量相同,此时两台变压器高中压并联后低压侧短路等值阻抗为

$$U_z = U_{LV1} + (U_{HV2} + U_{MV2} + U_{MV1}) // U_{HV1}$$
$$= (8.615 + 10.235 \times 12.865 / 23.1) / 100 = 14.32\%$$

2. 工况 2:高压供电,高压并列运行,中压、低压分列运行

高压供电,高压并列运行,中压、低压分列运行时的低压侧短路的等值电路如图 2.5 所示。

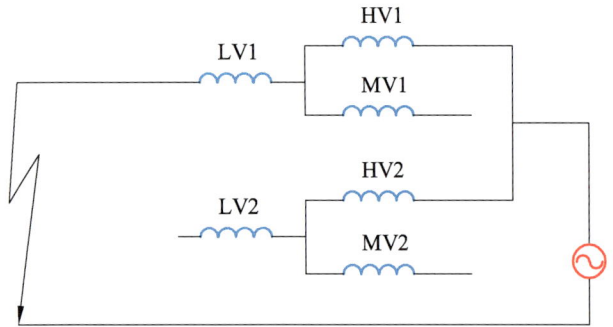

图 2.5 高压并列运行,中压、低压分列运行等值电路

从等值电路图情况来看,两台变压器高压并列运行低压短路时,与单台变压器低压短路时的阻抗相比未发生变化。低压短路高压供电时的阻抗为 $U_{ZH\text{-}L}=21.55\%$,该值与 GB/T 1094.5—2008 不考虑系统阻抗时的值相同。

3. 短路电流计算

按照 GB/T 1094.5—2008 不考虑系统阻抗时短路电流的计算方法,高压供电,低压短路时,短路电流为

$$IH_{dl} = I_r \times 100 / U_{ZH\text{-}L} = 180\,000 / 1.732 / 230 \times 100 / 21.55 = 2\,096.76 \text{ (A)}$$
$$IL_{dl} = I_r \times 100 / U_{ZH\text{-}L} = 180\,000 / 1.732 / 35 \times 100 / 21.55 = 13\,778.73 \text{ (A)}$$

但是如果按照工况 1 时,此时短路电流为

$$IH_{dl} = I_r \times 100 / U_{ZH\text{-}L} = 180\,000 / 1.732 / 230 \times 100 / 14.31 = 3\,157.6 \text{ (A)}$$
$$IL_{dl} = I_r \times 100 / U_{ZH\text{-}L} = 180\,000 / 1.732 / 35 \times 100 / 14.31 = 20\,749.95 \text{ (A)}$$

从计算结果来看,当高压供电,两台变压器高、中压并列运行时,短路变压器的等

值阻抗降低，增大了变压器的短路电流，该变压器低压侧的短路电流增加比例达到了50%。

2.3.2 中压短路

1．工况1：高压供电，高、中压并列运行

高压供电，高压并列运行，中压、低压分列运行时的中压侧短路的等值电路如图2.6所示。

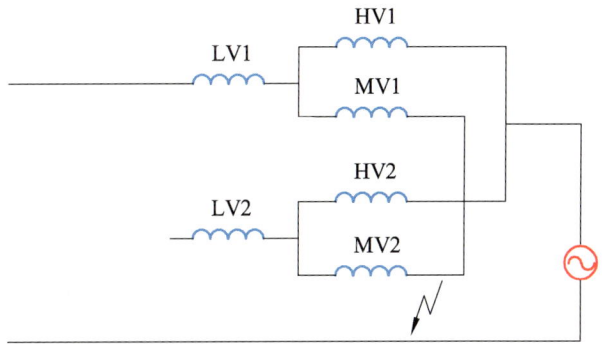

图2.6 高压并列运行，中压、低压分列运行等值电路

同理，此时中压侧两台变压器高中压并列后低压侧短路等值阻抗为

$$U_z = (U_{HV1} + U_{MV1}) // (U_{HV2} + U_{MV2}) = (11.55 \times 11.55 / 23.1)/100 = 5.775\%$$

2．工况2：高压供电，高压并列运行，中压、低压分列运行

高压供电，高压并列运行，中压、低压分列运行时的中压侧短路的等值电路如图2.7所示。

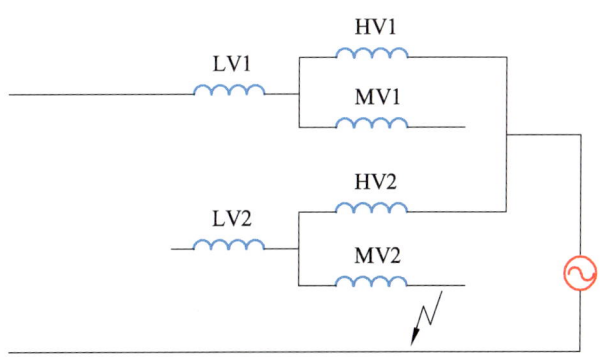

图2.7 高压并列运行，中压、低压分列运行等值电路

第 2 章　变压器短路电流计算

从等值电路图情况来看，两台变压器高压并列运行低压短路时，与单台变压器低压短路时的阻抗相比未发生变化。中压短路高压供电时的阻抗为 $U_{\text{ZH-L}}=11.55\%$，该值与 GB/T 1094.5—2008 不考虑系统阻抗时的值相同。

3．短路电流计算

按照 GB/T 1094.5—2008 不考虑系统阻抗时短路电流的计算方法，高压供电，中压短路时，短路电流为

$$IH_{\text{dl}}=I_{\text{r}}\times100/U_{\text{ZH-M}}=180\,000/1.732/230\times100/11.55=3\,912.14\text{ (A)}$$
$$IM_{\text{dl}}=I_{\text{r}}\times100/U_{\text{ZH-M}}=180\,000/1.732/110\times100/11.55=8\,179.94\text{ (A)}$$

但是如果按照工况 1，此时短路电流为

$$IH_{\text{dl}}=I_{\text{r}}\times100/U_{\text{ZH-L}}=180\,000/1.732/230\times100/5.775=7\,824.29\text{ (A)}$$
$$IM_{\text{dl}}=I_{\text{r}}\times100/U_{\text{ZH-L}}=180\,000/1.732/110\times100/5.775=16\,395.87\text{ (A)}$$

而每台变压器分得的短路电流为

$$7\,824.29/2=3\,912.14\text{ (A)}$$
$$16\,395.87/2=8\,179.94\text{ (A)}$$

从计算的结果来看，中压侧短路时，中压侧并列运行与否，单台变压器短路电流计算结果不会变化。主要是因为中压侧并列运行时存在两个电路的并联，虽然整体短路阻抗减小到了 1/2，导致整体的故障短路电流增加了 1 倍，但是每台变压器仅分得短路电流的一半，所以变压器的短路电流大小没有变化。

2.3.3　仿真验证

为了验证分析结论的准确性，作者利用 BPA（电力系统仿真软件）搭建了三绕组变压器短路电流计算模型，短路电流计算采用基于潮流的短路电流计算结果，如图 2.8 所示。

T1、T2、T3：三台主变；T122、T222、T322：三台主变 220 kV 侧节点；T111、T211、T311：三台主变 110 kV 侧节点；T135、T235、T335：三台主变 35 kV 侧节点。

模型的基础数据采取两区域四机的数据（gen1、gen2、发电机转到 bus-7 的变压器及 bus-8），在 bus-7 节点，计算模型设置了三台 220 kV 变压器（阻抗电压 $U_{12}=14\%$，$U_{13}=24\%$，$U_{23}=8\%$）连接情况。

2.3 并列运行对变压器短路电流的影响

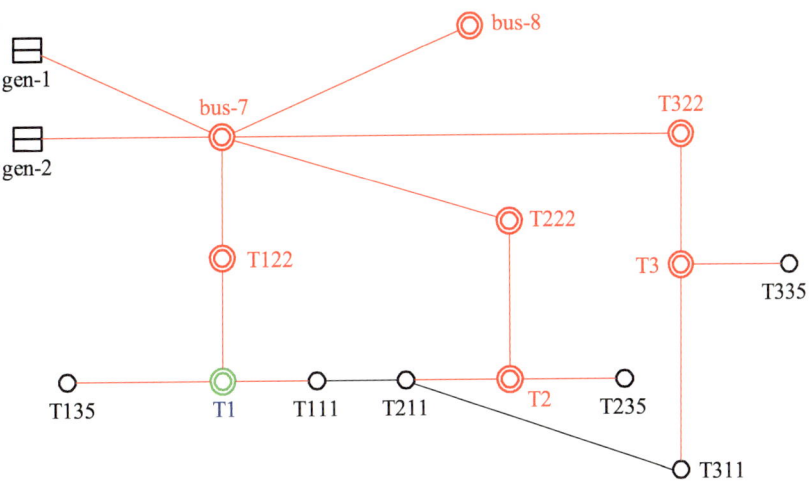

图 2.8　三台变压器并列短路电流计算模型

2.3.3.1 低压短路

1．工况 1：高压供电，高、中压并列运行——三台变压器

考虑到对称短路计算变压器短路最为严格，因此本书计算的数据都是以对称短路为基础计算的。三台变压器并列运行低压侧短路电流如表 2.3 所示。

表 2.3　三台变压器并列运行低压侧短路电流

短路位置	短路点电流/kA
T135	16.202
T235	16.748
T335	16.202

2．工况 2：高压供电，高、中压并列运行——两台变压器

两台变压器并列运行低压侧短路电流如表 2.4 所示。

表 2.4　两台变压器并列运行低压侧短路电流

短路位置	短路点电流/kA
T135	14.528
T235	14.528

3．工况 3：高压供电，高压并列运行，中、低压分列运行

高压并列运行，中、低压分列运行短路电流如表 2.5 所示。

表 2.5　高压并列运行，中、低压分列运行短路电流

短路位置	短路点电流/kA
T135	10.146
T235	10.146
T335	10.146

按照 GB/T 1094.5—2008 中的相关规定，对于中压无电源点，高-低压运行方式下，在不考虑系统阻抗时的短路电流为 2 969.32/24 A×100 = 12 372 A，从以上计算结果来看，在中、低压分列运行的工况下，短路电流未超过无穷大系统的电流，但是在中压并列运行后，在两台、三台变压器并列运行情况下，均超过高压无穷大系统的短路电流，并且随着并列变压器数量的增多，变压器的短路电流将会逐步增大。

2.3.3.2　中压短路

1．工况 1：高压供电，高、中压并列运行

高、中压并列运行，低压分列运行短路电流如表 2.6 所示。

表 2.6　高、中压并列运行，低压分列运行短路电流

短路位置	短路点电流/kA
T111	4.622
T211	4.622
T311	4.622

2．工况 2：高压供电，高压并列运行

高压并列运行，中、低压分列运行短路电流如表 2.7 所示。

表 2.7　高压并列运行，中、低压分列运行短路电流

短路位置	短路点电流/kA
T111	4.597
T211	4.597
T311	4.597

从仿真计算的结果来看,中压并列运行后,流过变压器的中压侧短路电流变化不大,几乎没有影响。

结合电网实际变压器的运行工况,从理论推导、仿真计算及现场实际短路情况等方面进行分析计算,得出如下结论:

(1)三绕组联合运行低压短路:在变压器高压供电的工况下,高、中压并列运行时,由于并列支路的影响,当低压短路时,变压器的低压侧短路电流将会增大,甚至会比单台变压器在高压无穷大系统情况下短路时的电流更大,并且伴随着并列支路越多,短路电流会越大;高压并列运行、中压分列运行不影响低压短路电流。

(2)三绕组联合运行中压短路:变压器高压供电,高、中压并列运行,低压分列运行与高压并列运行,中、低压分列运行时中压短路电流几乎无差异,并不影响中压短路电流。

2.4 非对称故障短路电流计算

前面结合运行方式计算了对称短路情况下短路电流的大小,本节主要对非对称短路的计算方法进行介绍。电力系统非对称短路有多种方式,对于电网中运行的变压器而言,低压侧都是非有效接地系统,变压器低压侧发生单相接地故障时,短路电流不会很大,因此本节不考虑低压单相短路故障,而选取典型低压相间短路和中压单相短路两种工况分析。根据李光琦编写的《电力系统暂态分析》,对非对称故障的分析计算采用对称分量法,本节用对称分量法开展非对称故障的短路电流计算方法进行说明。

2.4.1 低压相间短路接地电流计算

相间短路时假设低压 b、c 相间短路接地,此时的边界条件:

$$\dot{I}_{fa} = 0 \ ; \ \dot{U}_{fb} = \dot{U}_{fc} = 0 \tag{2.10}$$

将其转换为对称分量形式:

$$\dot{U}_{f(1)} = \dot{U}_{f(2)} = \dot{U}_{f(0)} \ ; \ \dot{I}_{f(1)} + \dot{I}_{f(2)} + \dot{I}_{f(0)} = 0 \tag{2.11}$$

式中，下角标 $f(1)$、$f(2)$、$f(0)$ 分别代表正序、负序和零序分量，由于正负零序网络参数，根据式（2.11）可知正序、负序、零序电压相等，相当于3个序网在故障点并联。低压相间短路序网图如图2.9所示（该序网图为非故障相a相的序网图）。

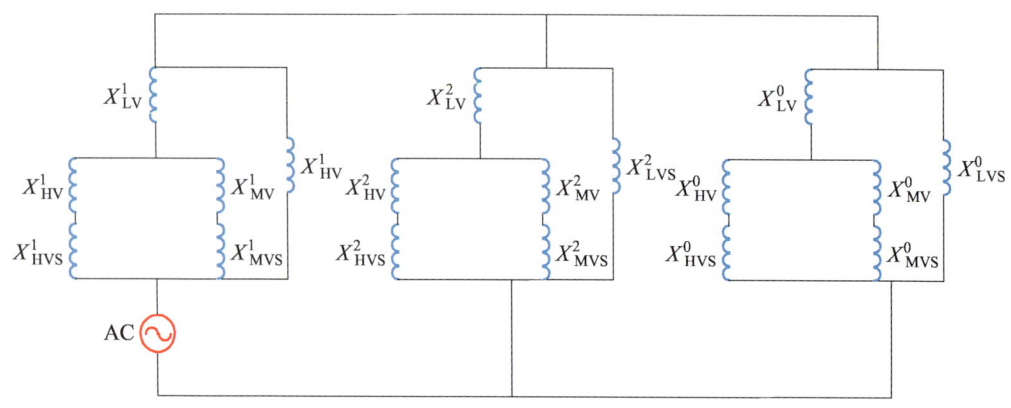

图 2.9 低压相间短路序网图

2.4.2 中压单相接地短路电流计算

中压单相短路时假设中压 a 相短路接地，此时的边界条件：

$$\dot{U}_{fa} = 0; \quad \dot{I}_{fb} = \dot{I}_{fc} = 0 \tag{2.12}$$

将其转换为对称分量形式：

$$\dot{U}_{f(1)} + \dot{U}_{f(2)} + \dot{U}_{f(0)} = 0 \ ; \ \dot{I}_{f(1)} = \dot{I}_{f(2)} = \dot{I}_{f(0)} \tag{2.13}$$

此时考虑的电源接入为高压、中压同时供电，低压不考虑电源接入，因此中压短路时等效的序分量电路如图 2.10 所示。

对于电力系统而言，负序阻抗一般与正序阻抗相等，对于零序阻抗，GB/T 1094.5—2008 的附录 B 中说明，如无特殊规定，则认为系统的零序阻抗与正序阻抗之比为 1~3，变压器自身的零序阻抗可在出厂试验时测得，因此当变压器单相及相间短路故障时，正序、负序网络参数已知，零序网络参数可按正序的相应倍数和变压器出厂试验数据获得，这样就可以根据各种工况的序网图计算出各种工况下的短路电流。

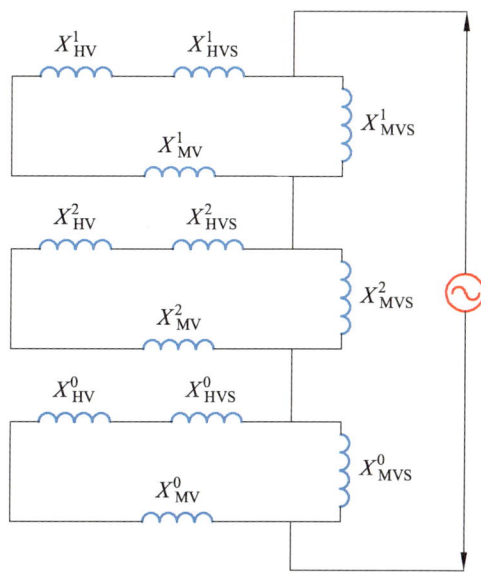

图 2.10　中压侧单相短路接地情况的序网图

2.5　短路故障相位对短路电流的影响

变压器短路时电压相位的不同会造成短路电流直流分量的差异，进而对短路电流的峰值产生影响。最大非对称电流值峰值：

$$I_{0\max} = \sqrt{2}KI_0$$

式中，K 代表电流的起始偏移系数，$\sqrt{2}K$ 可合称为峰值因数（与 X_0/R_0 相关，X_0 为系统和变压器的电抗之和，R_0 为系统和变压器的电阻之和）。

在低压侧短路过程中，变压器高压侧的端电压 u_0 按下式计算：

$$u_0 = U_{0\mathrm{m}}\sin(\omega t + \varphi_0) = L_0\frac{\mathrm{d}i}{\mathrm{d}t} + R_0 i_0$$

式中，$U_{0\mathrm{m}}$ 为高压侧峰值电压；L_0 为短路等值电感；i_0 为短路电流；φ_0 为电源电压初相角。

由上式的通解可表示为 $i_0 = i_0' + i_0''$，故而可得：

$$\begin{cases} i_0' = \dfrac{U_{0m}}{Z_d}\sin(\omega t + \varphi_0 - \varphi_d) \\ i_0'' = \dfrac{U_{0m}}{Z_d}\sin(\varphi_0 - \varphi_d)\mathrm{e}^{-\frac{R_0}{L_0}t} \end{cases}$$

式中，i_0' 代表稳态分量，其变化呈正弦规律；i_0'' 代表暂态分量，其值随时间逐渐衰减至 0，最后短路电流 i_0 趋于稳定至 i_0'；Z_d 代表从电源到故障点的等值短路阻抗；φ_d 代表短路阻抗相位角；衰减系数 R_0/L_0 影响暂态分量的衰减时间，通常变压器的容量越大，系统电感越大，其暂态分量衰减时间越长。

由于 $R_0 \ll \omega L_0$，则有 $\varphi_d = \dfrac{\pi}{2}$，所以短路电流 i_0 的方程可写为

$$i_0 = \dfrac{U_{0m}}{Z_d}\left[\cos\varphi_0 \times \mathrm{e}^{-\frac{R_0}{L_0}t} + \cos(\omega t + \varphi_0)\right]$$

根据上式可知，当 $\varphi_0 = 0$ 时，电压过零时突发短路所引起的短路电流 i_0 最大。从以上计算公式来看，短路电流暂态分量衰减速度与 R_0/L_0 有关。根据 GB/T 1094.5—2008，非对称系数 $\sqrt{2}K$ 的取值如表 2.8 所示。

表 2.8 非对称系数 $\sqrt{2}K$ 的取值

L_0/R_0	1	1.5	2	3	4	5	6	8	10	14
$\sqrt{2}K$	1.51	1.64	1.76	1.95	2.09	2.19	2.27	2.38	2.46	2.55

注：若 L/R 为 1~14 之间的其他值，则可用线性插值法求得。

如无其他规定，当 $L_0/R_0 > 14$ 时，$\sqrt{2}K$ 假定为：

Ⅱ类变压器：$1.8 \times \sqrt{2} = 2.55$；

Ⅲ类变压器：$1.9 \times \sqrt{2} = 2.69$。

2.6 电力系统短路电流计算

董哲、何炜等人撰写的论文《交直流电力系统短路计算方法讨论》中指出，电力系统中短路计算有"基于潮流"和"基于网络"两种计算模式。"基于潮流"的短路计算考虑发电机电势和负荷电流的影响，计算结果能更准确地反映电网在某一运行状态下

的真实短路电流，适合评估给定运行方式下的短路水平；"基于网络"的短路计算忽略系统潮流，视所有节点的电压相同且数值自定，计算结果不受运行方式安排的影响，在拓扑结构一定的情况下，短路电流计算结果基本确定，人为干预因素较少，能够更为客观地反映各节点短路电流的相对水平，在业界得到更广泛的应用。

电力系统短路计算方法主要有戴维南等值法和叠加法，简称"戴法"和"叠法"，这两种方法都利用节点阻抗矩阵。与电力系统潮流计算所用节点导纳矩阵不同，形成电力系统短路计算所用节点导纳（阻抗）矩阵时，不仅需要考虑线路和变压器支路，还需要考虑发电机内阻抗的影响，一般的做法是把发电机作为有源支路表示为次暂态电势和次暂态电抗的串联支路。如果计入静态负荷的影响，负荷也要作为节点的接地支路用恒定阻抗表示，阻抗的数值由短路前的负荷功率和节点电压算出，这样就形成包括所有发电机支路和负荷支路的短路计算用节点导纳矩阵及其对应的节点阻抗矩阵。图 2.11 所示为交流电力系统中节点 f 发生金属性三相接地的示意图。从节点 f 与地构成的两端口网络对整个电力系统进行戴维南等值，可以得到图 2.12 所示两端等值网络。显然，f 点的短路电流为

$$I_f = E_{th} / Z_{th} \qquad (2.14)$$

式中，E_{th} 为戴维南等值电势，也就是故障前短路点的正常电压；Z_{th} 为戴维南等值阻抗，也就是节点阻抗矩阵中节点 f 的自阻抗 Z_{ff}，又称输入阻抗。

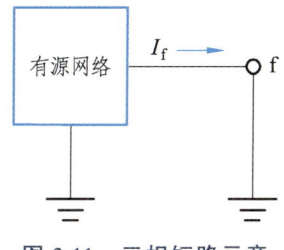
图 2.11　三相短路示意

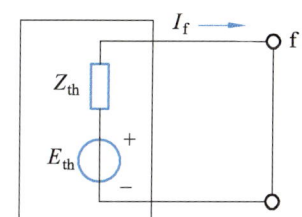
图 2.12　戴维南等值法示意

如果把系统中的所有有源支路单独表示，电力网络成为无源线性网络，如图 2.13 所示。对于多电源线性网络，根据叠加原理，得到节点 f 的短路电流为

$$I_f = \sum_{i \in G} E_i'' / z_{fi} \qquad (2.15)$$

式中，G 为系统中发电机的集合；E_i'' 为第 i 台发电机的次暂态电势；z_{fi} 为发电机 i 对节点 f 的转移阻抗，计算公式为

$$z_{fi} = \frac{Z_{ff}}{Z_{fi}} x''_{di} \qquad (2.16)$$

式中，Z_{ff} 为节点 f 的自阻抗；Z_{fi} 为电势源节点 i 和节点 f 的互阻抗；x''_{di} 为发电机 i 的次暂态电抗。

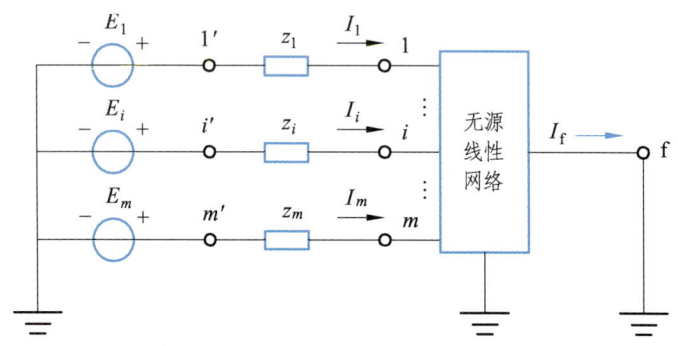

图 2.13　叠加法示意

如果计算条件相同，"基于潮流"和"基于网络"两种计算模式采用的节点阻抗矩阵并无差别。

2.7　短路电流计算问题

（1）目前，变压器行业内通用的短路电流计算主要基于自身参数，将外系统进行简单等效，并且主要考虑单一电源供电的方式，而对于实际运行的变压器来看，电网网架复杂，普遍存在双端供电的运行工况，并且随着新型电力系统的建设，未来变压器可能出现三侧同时有电源点供电的运行工况，相关的计算工况考虑需要逐步完善。

（2）变压器在电网运行中单相短路电流与所在地区的变压器中性点接地数量及系统的零序网络有重要影响，部分负荷集中区域变压器中性点接地数量多，系统的零序阻抗较小，在变压器短路电流计算时需分别计算单相短路和三相短路工况。

第 3 章　变压器抗短路能力计算方法

变压器行业里抗短路能力计算，主要分为辐向力和轴向力校核。辐向电磁力是由轴向漏磁产生的，它使外绕组导线受到向外拉的力，内绕组受到向内压的力；轴向电磁力是由于磁力线在绕组端部弯曲，即在线圈端部形成横向漏磁通，进而产生轴向短路力。

3.1　辐向抗短路能力计算方法

3.1.1　国际大电网计算方法

1962—1980 年，在试验和实践过程中均发现，绕组在辐向压缩短路力的作用下，沿线饼辐向的所有导线都是同时损坏的，因此，只研究平均直径处的一匝导线的辐向失稳临界应力即可，故称之为绕组辐向失稳的平均临界应力。国际大电网会议论文根据弹性稳定性理论，由矩形断面圆拱稳定性的极限受力公式和其辐向失稳的平均临界应力值，可推导出承受辐向压缩短路力作用的绕组平均直径处导线上的极限视在压缩应力的值为

$$\sigma_{cp} = \frac{1}{12} En^2 \left(\frac{b}{D}\right)^2 \tag{3.1}$$

式中　E——铜导线的弹性模量，软铜导线通常取 $E = 12.25 \times 10^4$ MPa；

　　　n——沿绕组内径的撑条数目；

　　　b——单根导线的辐向宽度（cm）；

　　　D——绕组的平均直径（cm）。

只要绕组在短路时承受的辐向视在压缩应力小于或等于由式（3.1）求得的 σ_{cp}，并留有一定的裕度，承受辐向压缩短路力的绕组，就不会因辐向失稳而损坏。

3.1.2　苏联曾采用的计算公式

1973—1986 年，苏联曾用具有弹性支撑的多跨模型，研究了承受辐向压缩短路力

作用的绕组的静态和动态辐向稳定性。试验结果给出了绕组辐向失稳平均临界应力值的经验计算公式：

$$\sigma_{cp} = K_1 K_2 K_3 (D + K_4) b K_5 \quad (3.2)$$

式中 K_1——取决于垫块上轴向压力的经验系数。试验结果表明，当垫块上的轴向压力小于 2.5^{-3} MPa 时，辐向失稳平均临界应力随垫块上轴向压力的增大而提高，当垫块上的轴向压力大于 2.5^{-3} MPa 时，辐向失稳平均临界力的变化随轴向压力的增大变化不大。

K_2——取决于导线材质以及承受的压缩短路力的绕组是否有辐向支撑的经验系数。25~63 MV·A 变压器的试验结果表明，当绕组内径处有厚度为 8~10 mm 的电木筒支撑时，与无电木筒方案相比，其辐向失稳平均临界应力可以提高 20% 左右。而 25~200 MV·A 变压器的试验结果表明，绕组内径处有撑条支撑时，其辐向失稳的平均临界应力比无撑条时提高了 1.2~1.8 倍。

K_3——取决于线饼间垫块数目的系数。试验结果表明，垫块间的摩擦力对绕组的辐向稳定性有一定的影响。

K_4——当承受短路力的绕组内径有撑条支撑时，取决于相邻撑条之间的跨距的经验系数。当相邻撑条之间的跨距为 120 mm 时，辐向失稳的平均临界应力比无撑条支撑时提高 20%~30%，当相邻撑条之间的跨距小于 120 mm 时，如果继续增加撑条数目，辐向失稳的平均临界应力值不再明显提高。可见，对于绕组辐向稳定而言，相邻撑条之间的跨距在 120 mm 左右比较适宜。

K_5——取决于单根铜导线轴向高度的经验系数，辐向失稳的平均临界应力，随单根导线轴向高度的增加而降低。

D——绕组的平均直径。

b——绕组的辐向宽度。

3.1.3　日本变压器专业委员会推荐的方法

日本变压器专业委员会推荐的方法是根据弹性理论，由承受辐向压力的薄壁圆筒

3.1 辐向抗短路能力计算方法

的辐向稳定性公式推导出来的,同时还考虑了实际的变压器绕组与薄壁圆筒的差异,即不仅考虑绕组的具体结构、绕制方法,而且还考虑了绕组内径撑条的有效支撑点数等,该计算方法也是仅仅考虑绕组平均直径处一匝导线的辐向稳定性。

现将该计算方法的具体内容介绍如下:

(1) 承受辐向压缩短路力作用的绕组,可按照下式来计算:

$$F_r = 9.8\left[\frac{I_N W(2f_d)}{70U_k}\right]^2 \quad (3.3)$$

式中 I_N ——绕组的额定电流(A);

W ——绕组的匝数;

$2f_d$ ——非对称短路电流的冲击系数,其数值与通常说的 $\sqrt{2}K$ 相同;

U_k ——短路阻抗(%)。

(2) 承受辐向压缩短路力作用的绕组,可按下式来计算其每个线饼平均周长的视在压缩短路力:

$$F_c = \frac{F_r}{Ml_m} \quad (3.4)$$

式中 M ——线饼数;

l_m ——线饼的平均周长。

(3) 承受辐向压缩力作用的绕组,可按下式计算其每个线饼单位平均周长上的辐向失稳平均临界应力:

$$F_B = \frac{EI}{R^3}(m^2 - 1) \quad (3.5)$$

式中 E ——铜导线的弹性模量,对于铜导线,通常取 $E = 12.25 \times 10^4$ MPa;

R ——绕组的平均半径(cm);

m ——绕组内径撑条的有效支撑数目,为内径实际撑条数目的一半;

I ——导线截面的惯性矩(cm^4)。

对于普通导线:

$$I = \frac{n_b^y b^3 n_t t}{12}$$

式中　n_b——沿线饼辐向的导线根数；

　　　n_t——沿线饼轴向的导线根数；

　　　b——单根导线的辐向宽度（cm）；

　　　t——单根导线的轴向高度（cm）；

　　　y——经验系数，对于普通导线，$y=1$，对于热固化的换位导线，$y=2.3\sim2.5$。

而对于换位导线或组合导线，I 值稍有不同。设一根换位导线内有 x 股导线，每股导线的辐向宽度是 b，轴向高度是 t，则惯性矩：

$$I = \left(\frac{x}{2}\right)^y n^{1.5} b^3 t$$

式中　n——线饼内换位导线的根数。

根据实践经验，在对承受辐向压缩力作用的绕组辐向失稳的计算中，考虑到材质和工艺分散性带来的误差，绕组辐向失稳的安全裕度取 $1.8\sim2.0$，即

$$\frac{F_\mathrm{B}}{F_\mathrm{C}} \geqslant 1.8 \sim 2.0 \qquad (3.6)$$

式中　F_B——承受辐向压缩力的绕组，其每个线饼单位周长上的辐向失稳平均临界应力；

　　　F_C——承受辐向压缩力的绕组，其每个线饼单位周长的平均视在压缩力。

3.1.4　波兰电工协会的研究结论

波兰电工协会研究了受压缩绕组产生辐向失稳的平均临界应力 σ_cp 与铜导线的条件屈服极限 $\sigma_{0.2}$ 之间的关系，主要结论如下：

（1）受压缩绕组的辐向失稳通常是一个渐变过程，在视在平均压缩应力逐渐增大的前提下，是先产生局部失稳而后再发展成为整体失稳的。苏联在对受压缩绕组的辐向稳定性进行试验研究时也发现，局部失稳是从受压缩绕组外径处的线匝开始的，然后再发展成整个线饼所有线匝的整体失稳。

（2）对铜导线进行硬化处理，使其从软态（$\sigma_{0.2}=80\ \mathrm{MPa}$）变成半硬态（$\sigma_{0.2}=150\ \mathrm{MPa}$）时，受压缩绕组的局部变形平均临界应力和整体变形平均临界应力均能提高 2.5 倍左右。如果使铜导线继续变硬（$\sigma_{0.2}>150\ \mathrm{MPa}$），整体变形平均临界应力趋于稳定，而局部变形平均临界应力却进一步增大。用非常硬的铜导线（$\sigma_{0.2}>230\ \mathrm{MPa}$）

绕制成的绕组，将不经过局部弯曲变形这一阶段，而直接产生整体弯曲变形，也即局部变形平均临界应力和整体变形平均临界应力几乎相等。

3.1.5 短路力的辐向力理论计算方法

绕组辐向失稳是指在绕组圆周方向某一撑条间距内，整个线饼的所有导线都向外凸出，或在相邻撑条间距内，整个线饼的所有导线都向内凹陷，或两种变形同时存在。这种局部变形不仅在圆周方向是不对称的，而且整个绕组轴向高度上的所有线饼也不一定都产生这种变形。当绕组导线中的视在压缩应力值达到某一平均临界应力值时，绕组便会发生辐向失稳。

由于高、低压绕组的电流方向相反，突然短路时作用在两个绕组上的辐向力将把两个绕组推开，从而使高压绕组受到张力，低压绕组受到压力。根据基本公式：

$$F = BILW \tag{3.7}$$

式中　B——与导线相垂直的磁通密度（T）；
　　　I——导线中的电流（A）；
　　　L——导线的长度（m）；
　　　W——绕组的匝数。

辐向电磁力应按式（3.7）计算：

$$F_x = B_{pj} I_{dmax} L_{pj} W = B_{pj} I_{dmax} \pi D_{pj} W \tag{3.8}$$

$$B_{pj} = \mu_0 \frac{I_{dmax} W}{2H} = 0.4\pi \frac{I_{dmax} W \rho}{2H_k} \times 10^{-6} \tag{3.9}$$

$$\mu_0 = 0.4 \times \pi \times 10^{-6} H/m$$

式中　B_{pj}——纵向漏磁场的平均密度（T）。
　　　ρ——洛氏系数；
　　　H——绕组的实际高度（m）；
　　　H_k——绕组的电抗高度（m）；
　　　I_{dmax}——最大短路电流幅值（即冲击短路电流值 i_{ch}）（A）；
　　　L_{pj}——每匝导线的平均周长（m）；

第3章 变压器抗短路能力计算方法

W ——绕组的每相额定匝数，有分接头时取中间位置时的匝数；

D_{pj} ——原副绕组之间的油道中心线的直径，πD_{pj}为高低压绕组的平均周长；

m ——导线分支，即当有 m 根导线并联成 1 匝导线时，1 匝里面的 m 根数。

因此，式（3.8）可改为

$$F_x = \frac{0.628(i_{dmax})^2 \pi D_{pj} \rho W^2}{H_k} \times 10^{-6} \qquad (3.10)$$

由于最大短路电流近似计算为

$$i_{dmax} = i_{ch} = K_{ch}\sqrt{2}I_d = K_{ch}\sqrt{2}\frac{I_N}{U_k\%} \qquad (3.11)$$

式中 K_{ch} ——冲击系数，因此 F_x 的计算公式为

$$F_x = \frac{3.945(K_{ch}I_N W)^2 D_{pj}\rho}{U_k^2 H_k} \times 10^{-2} \qquad (3.12)$$

当每匝导线有 m 根分支时，每根导线的 F_x 为

$$F_{x(每根)} = \frac{F_x}{m} = \frac{3.944(K_{ch}K_I\sqrt{2}I_N W)^2 R_{pj}\rho}{H_k m} \times 10^{-6} \qquad (3.13)$$

在上式所决定的辐向力的作用下，高压绕组（外绕组）将受到很大的张力，所以对外绕组应进行张应力计算。根据力学原理，在辐向力 F_x 的作用下，在绕组内所产生的切向拉力为 $F' = \frac{F_x}{2\pi}$，对于同心式绕组，对拉应力 σ_x 的计算，每根和每匝的计算值是相等的。

由于辐向力的作用，导线内所产生的切向拉应力 σ_x 应为

$$\sigma_x = \frac{F'}{WS} = \frac{F_x}{2\pi W A_x} = \frac{F_x}{2\pi W m A_k} = \frac{0.628 I_{max}^2 W R_{pj} \rho}{m H_k A_k} \qquad (3.14)$$

式中 W ——绕组匝数；

A_x ——每匝导线的截面面积；

A_k ——每根的截面面积（m²），如果使用 mm²，则 σ_x 单位为 MPa；

m ——每匝导线根数。

根据《电力变压器 第 5 部分：承受短路的能力》（GB/T 1094.5—2008）及《电力变压器抗短路能力校核导则》（DL/T 2292—2021），计算出来的变压器短路时各个力应满足表 3.1 所示。

表 3.1 心式变压器短路力/应力限值

短路力/应力		限 值
连续式、螺旋式及多层式绕组的平均环形拉伸应力 σ_t/MPa		$0.9R_{p0.2}$
连续式、螺旋式及层式绕组上的平均环形压缩应力 σ_c/MPa	非自黏性导线	$0.35R_{p0.2}$
	自黏性导线	$0.6R_{p0.2}$

3.2 短路力的轴向力理论计算方法

绕组的轴向失稳与轴向预压紧力的大小、绝缘垫块的非线性应力-应变特性有关，与支撑件的刚度有关，如端圈、压板等，因此采用数学模型来圆满地求解这一问题难度较大。

现有的变压器短路轴向力校核计算方法，假设了绝缘材料的静态应力-应变特性在经过 3 个压缩循环后趋于稳定，用静态特性开展变压器短路轴向力校核。根据《电力变压器抗短路能力校核导则》（DL/T 2292—2021），轴向垫块之间的跨度内的导线轴向弯曲应力 σ_{fa} 的计算公式为

$$\sigma_{fa} = \frac{4\pi \times 10^{-9} I_X^2 W \alpha \rho_s l_a^2}{m n a_2 b_2^2 \tau} k_y^2 K_I^2 \tag{3.15}$$

式中 σ_{fa}——轴向垫块之间的跨度内的导线轴向弯曲应力（MPa）；

I_X——在分接位置的每柱相额定电流（有效值）（A）；

W——每柱匝数；

α——最大不平衡安匝百分数（%）；

ρ_s——不平衡安匝横向洛氏系数；

k_y——短路电流的不对称系数，当变压器三相容量小于等于 100 MV·A 时，取 1.8，当变压器三相容量大于 100 MV·A 时，取 1.9；

K_I——短路电流稳定值倍数；

m——每匝并联导线根数；

n——每根非自黏复合导线中的小导线根数，对于自黏复合导线和自粘换位导线，$n=1$；

a_2——绕组裸导线辐向尺寸，对普通扁导线及非自粘复合导线，$a_2=a$，对自黏复合导线，$a_2=N\times a$，N 为单根复合导线中的小导线根数，对自黏换位导线，$a_2=(N-1)/2\times a$，N 为单根换位导线中的小导线根数；

a——单根导线辐向尺寸（mm），对于复合导线或换位导线，指导线中的单根小导线辐向尺寸；

b_2——绕组裸导线轴向尺寸，对普通导线和复合导线，对自黏换位导线，$b_2=0.7\times 2\times b$；

b——单根导线轴向尺寸（mm），对于复合导线或换位导线，指导线中的单根小导线轴向尺寸；

τ——横向漏磁组总宽度（mm）；

l_a——轴向跨距（mm）。

l_a 的计算公式为

$$l_a=\frac{\pi D_o}{n_{sp}}-b_{sp} \tag{3.16}$$

式中　D_o——绕组外径（mm）；

n_{sp}——垫块挡数；

b_{sp}——垫块宽（mm）。

3.3　其他短路力计算方法

根据《电力变压器抗短路能力校核导则》（DL/T 2292—2021），其他变压器抗短路能力的校核方法如下：

3.3.1　绕组出头处的推力

螺旋式绕组出头处的推力 T_f 计算公式如下：

$$T_f=\sigma_c\times A_D\times 10^{-3} \tag{3.17}$$

式中　T_f——螺旋式绕组出头处的推力（kN）；
　　　σ_c——平均环形压缩应力（MPa）；
　　　A_D——螺旋式绕组出头截面积（mm²）。

3.3.2　端部层压块绝缘构件和端环上的压缩应力

端部层压块绝缘构件和端环上的压缩应力 σ_{er} 计算公式如下：

$$\sigma_{er} = \frac{F_{th\text{-}上}}{n_{sp}b_{sp}b_d} \times 10^3 \qquad (3.18)$$

式中　σ_{er}——端部层压块绝缘构件和端环上的压缩应力（MPa）；
　　　$F_{th\text{-}上}$——最大轴向端部向上推力（kN）；
　　　n_{sp}——垫块挡数；
　　　b_{sp}——垫块宽度（mm）；
　　　b_d——绕组辐向宽度（mm）。

3.3.3　公共压环或压板上的压缩应力

公共压环或压板上的压缩应力 σ_{pr} 计算公式如下：

$$\sigma_{pr} = \frac{F_{th\text{-}上} + F_p}{S_{yh}} \times 10^3 \qquad (3.19)$$

式中　σ_{pr}——公共压环或压板上的压缩应力（MPa）；
　　　$F_{th\text{-}上}$——最大轴向端部向上推力（kN）；
　　　F_p——每个心柱的夹紧力（kN），当器身采用弹簧压钉压紧结构时，F_p = 每柱压钉数 × 压钉标称压力（kN）；当器身仅靠预压紧时，F_p = 每柱器身预压紧力 × 小于1的残留系数（kN）；
　　　S_{yh}——每柱压环与压钉或压块接触的总面积（mm²）。

3.3.4　拉杆（拉板条）上的拉伸应力

夹紧结构中的拉杆（拉板条）上的拉伸应力 σ_{rod} 计算公式如下：

$$\sigma_{\mathrm{rod}} = \frac{F_{\mathrm{th}\text{-}上} + F_{\mathrm{p}}}{A_{\mathrm{L}}} \times 10^3 \quad (3.20)$$

式中 　σ_{rod}——夹紧结构中的拉杆（拉板条）上的拉伸应力（MPa）；

　　　$F_{\mathrm{th}\text{-}上}$——最大轴向端部向上推力（kN）；

　　　F_{p}——每个心柱的夹紧力（kN）；

　　　A_{L}——每柱拉板的总截面面积（mm^2）。

3.4　短路热稳定性校核方法

国家标准 GB/T 1094.5—2008 指出：变压器承受短路热能力应通过计算进行验证。目前还不能对变压器短路热能力进行试验验证，GB/T 1094.5—2008 中明确给出了变压器承受短路热能力的计算公式和每个绕组在短路后的平均温度最大允许值的判定依据。

绕组短路后的平均温度 θ_1 应由下述公式计算：

$$\theta_1 = \theta_0 + \frac{2 \times (\theta_0 + 235)}{\frac{106\,000}{J^2 t} - 1} \quad （铜绕组）$$

$$\theta_1 = \theta_0 + \frac{2 \times (\theta_0 + 225)}{\frac{45\,700}{J^2 t} - 1} \quad （铝绕组）$$

式中　θ_1——绕组短路 $t(s)$ 后的平均温度（℃）；

　　　θ_0——绕组起始温度（℃）；

　　　J——短路电流密度（A/mm^2），按对称低压对称短路电流的方均根值计算出；

　　　t——持续时间（s）。

3.5　基于仿真的变压器抗短路能力校核方法

前面介绍的都是以公式推导或者经验公式为主的变压器抗短路能力计算方法，现代计算技术的发展，为磁场理论界的研究人员提供了良好的计算环境，为精确计算变压器的短路电动力提供了可能。从国际大电网会议、国际电机和电磁场会议发表的论文及国内外大型变压器制造公司电磁场的应用情况看，目前普遍采用二维数值计算方

3.5 基于仿真的变压器抗短路能力校核方法

法,其主要原因是二维方法简单易行,便于在产品设计中推广应用,较传统设计方法具有计算精度高、便于问题分析等优点,以绕组漏磁场计算为基础的绕组短路电动力计算精度有了很大程度的提高。典型的变压器等效模型如图 3.1 所示。

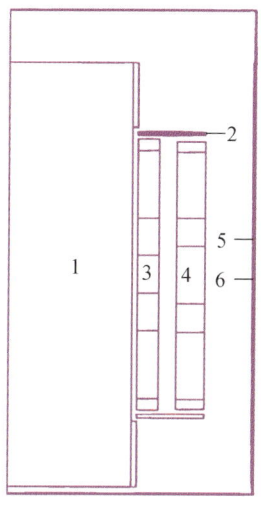

1—铁心;2—压板;3—内绕组;4—外绕组;5—屏蔽;6—油箱。

图 3.1 变压器简化模型

通常二维漏磁场数值计算由数据前处理、解有限元方程和数据后处理三部分组成。数据前处理是将变压器实际问题转变为数值计算所需要的数学模型,并为求解有限元方程提供剖分后的单元信息和节点信息;解有限元方程是问题的核心部分,其计算时间、计算误差和主要功能的实现是衡量计算方法是否正确的依据;数据后处理是利用插值函数、图形学等数学知识将数据处理后以图形、曲线或用户可识别的文件形式将计算结果输出。

根据结构参数开展变压器电磁场的仿真计算,运算工况按照实际运行中可能出现的以绕组对的形式进行计算。磁力线分布情况如图 3.2 所示。

漏磁场的分布规律较复杂,变压器短路校核时常将漏磁场分解为轴向漏磁 B_y 与横向漏磁 B_x。典型的变压器辐向和轴向漏磁场的分布规律如图 3.3 所示。

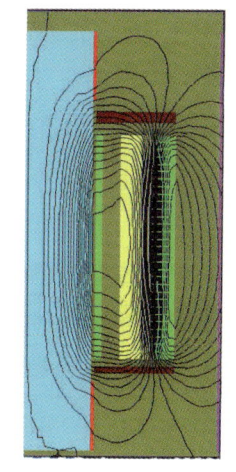

图 3.2 磁力线分布情况

第 3 章　变压器抗短路能力计算方法

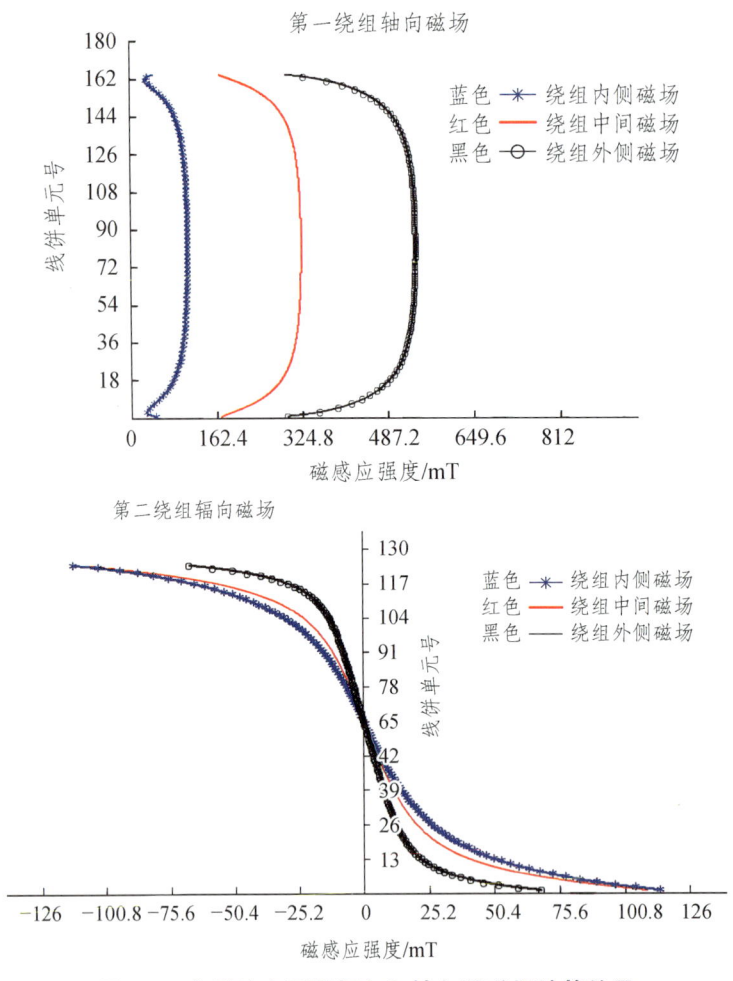

图 3.3　典型的变压器辐向和轴向漏磁场计算结果

计算出变压器各种工况下的漏磁场后,应用计算公式 $F = BIL$ 进一步计算由轴向漏磁产生的辐向力 F_x 以及由横向漏磁产生的轴向力 F_y,并按照 GB/T 1094.5 —2008 给出的判据分析变压器的抗短路能力。该方法的优点是可以对变压器线圈开展精细化的逐饼建模,并精细化计算出线圈每一饼的短路力,再与经验公式的均值算法对比找出线圈的薄弱点,同时采取措施防止变压器短路损坏。

3.6 短路校核方法存在的问题

（1）行业内大型变压器抗短路能力校核计算以单相为主，实际运行时，三相短路时相间漏磁场会相互影响，现有抗短路能力校核方法仅考虑了短路电流大小的影响，但未完全考虑相间漏磁场的影响，因此对三相短路的工况校核计算存在偏差。

（2）变压器抗短路能力校核方法及国标中给出的判据主要都是应用均值进行分析比对，而实际变压器短路时由于铁心窗口内外及相间的影响会使漏磁场分布不均，进一步使绕组受力不均，绕组在短路时局部区域存在薄弱点，未充分考虑绕组各个部位间的个性差异。

（3）行业内变压器抗短路能力校核以静态力校核计算为主，而实际变压器短路时绕组受力是一个动态过程，特别是变压器轴向力的动态特征明显，现有的短路校核方法未充分考虑相关影响，会导致校核结果不能如实反映实际情况。

（4）短路校核主要考虑了辐向和轴向力的校核，但是螺旋线圈在短路冲击下，在圆周方向也存在短路力，而目前的校核方法没有考虑相关力的校核计算。

（5）变压器运行时，可能受到重合闸及强送失败的连续冲击情况，导致运行中变压器因为连续冲击而导致损坏，目前的短路校核方法未考虑相关因素。

（6）累积效应的影响。对于运行多年的变压器，行业内普遍认为运行多年后变压器由于遭受多次累积短路冲击，其抗短路能力将下降，但是缺少量化的评估方法，目前的校核方法暂时未考虑相关因素的影响。

（7）变压器短路校核未考虑运行工况。目前，变压器短路校核仅从变压器自身设计角度开展结构校核，一般以绕组对的形式开展，未考虑电网实际运行的工况，包括多电源点供电、多台主变并列运行、系统容量增加、系统网架变化等问题，导致不能全面评估变压器的运行风险。

第4章　变压器抗短路能力校核研究热点

4.1　相间耦合对变压器短路受力的影响

目前，计算变压器短路力一般都忽略了相间磁场间的相互影响，仿真计算时以单相建模为主。本书以一台容量为 40 MV·A、短路阻抗为 10.5% 的三相三柱式双绕组 110 kV 变压器搭建仿真计算模型，故障设置为三相对称短路，采用瞬态场仿真的方法开展轴向受力和辐向受力分析，对变压器三维模型在 $t_1 = 0.005$ s 到 $t_2 = (0.05/6)$ s 时刻进行有限元计算，以 $t_3 == (1/6\ 000)$ s（相角间隔 3°）为时间间隔取点。为了方便讨论，以 t_1 为 1 号样点，$t_1 + t_3$ 为 2 号样点，$t_1 + 2 \times t_3$ 为 3 号样点，依此类推，从而得到 1～21 号样点。取样区间如图 4.1 所示。

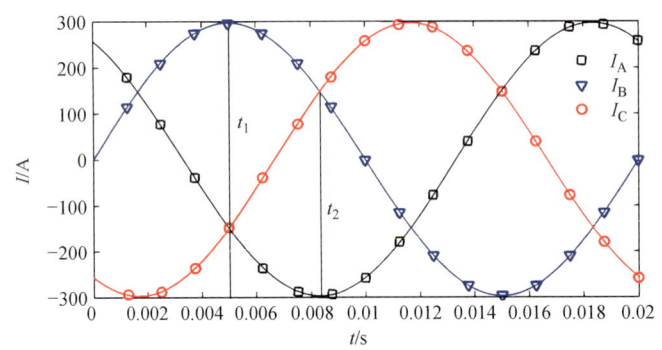

图 4.1　取样区间

建立三维模型，如图 4.2 所示，选取如图 4.3 所示的指定区域，观察存在相间磁场和不存在相间磁场时 0.005 s 时刻的磁力线分布情况。

以 B 相绕组为例，研究其不同位置的最大受力时刻，最大受力时刻只可能在最大电流附近出现，取样位置如图 4.4 所示。A、B、C、D、E 五处取样位置依次相差 45°，高低压绕组分别取由内至外各个线饼中点，且各个线饼中点所在直线自内至外分别为（A 处为例）：A1、A2、A3、A4、A5、A6；则 B 处为 B1、B2、B3、B4、B5、B6；C、D、E 处依此类推，方向都平行于绕组高度方向，且为自绕组下端指向绕组上端方向，各个线饼中点都在直线上，以 A 处为例，如图 4.5 所示。

4.1 相间耦合对变压器短路受力的影响

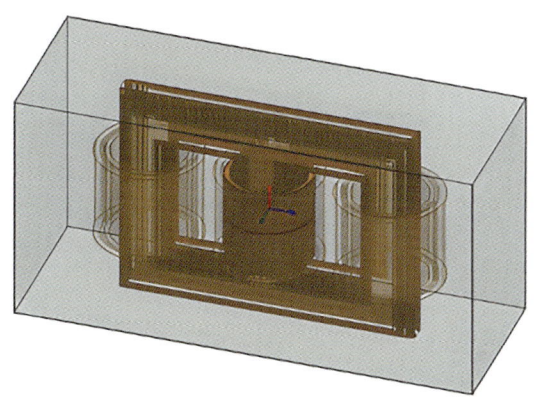

图 4.2　变压器三维模型

图 4.3　变压器二维模型

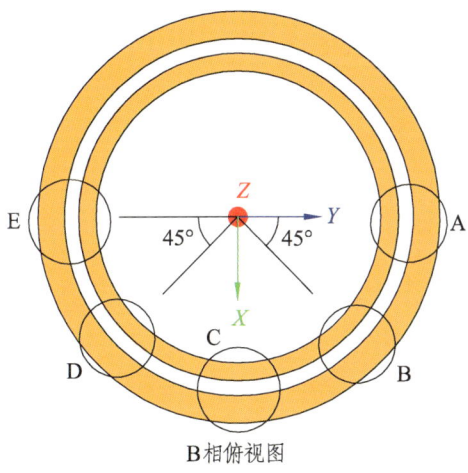

B 相俯视图

图 4.4　变压器三维模型 B 相取样位置

第 4 章　变压器抗短路能力校核研究热点

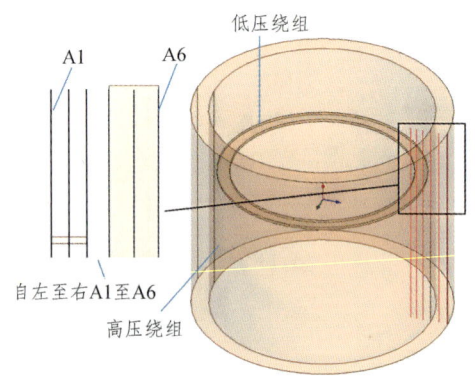

图 4.5　A 处各个线饼中点所在直线

A1 与低压绕组内径相切，并且平行于绕组高度方向，A2 位于低压绕组中心，A3 与低压绕组外径相切，高压绕组处各个直线位置与低压绕组的各个直线位置对应，自内至外顺序为 A4、A5、A6。B、C、D、E 处取线规律与 A 处相同。图 4.6 所示为存在相间磁场 A3 直线上各个时刻的轴向力分布情况，图 4.7 所示为不存在相间磁场 A3 直线上各个时刻的轴向力分布情况。

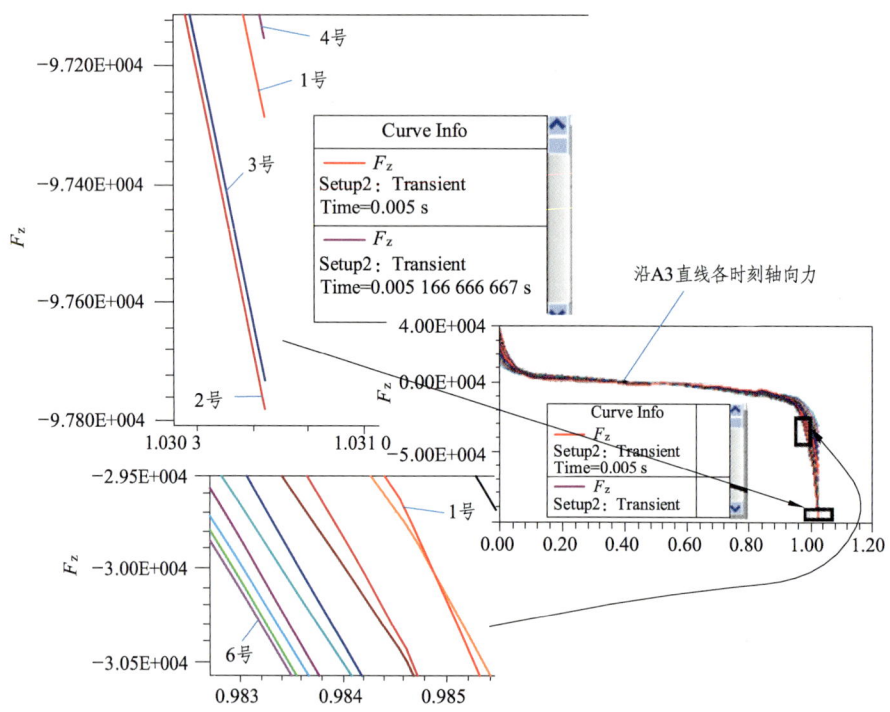

图 4.6　存在相间磁场 A3 直线上各个时刻的轴向力分布情况

4.1 相间耦合对变压器短路受力的影响

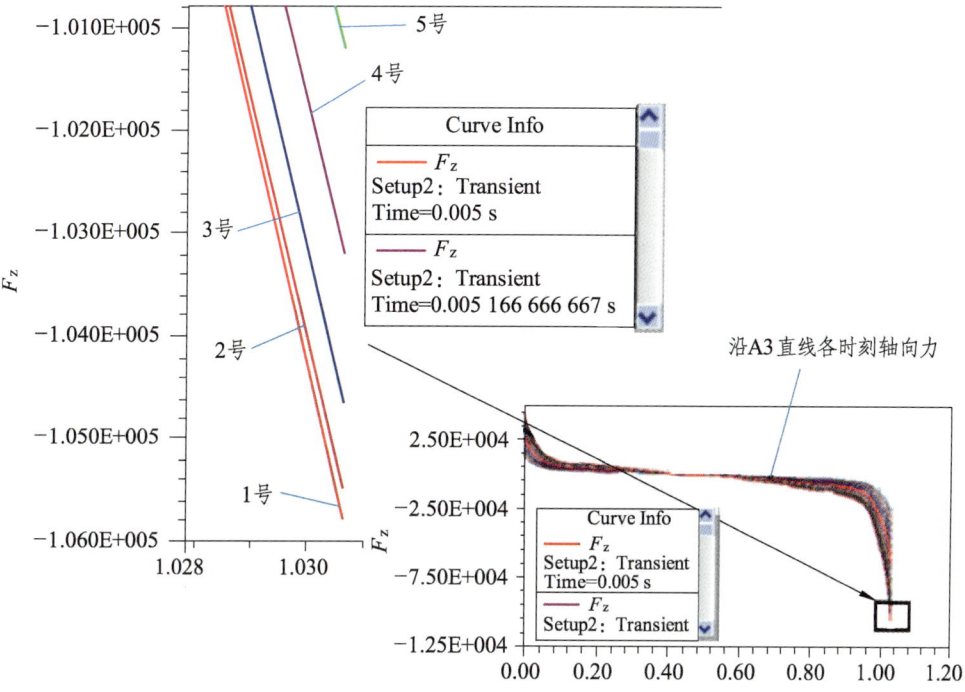

图 4.7 不存在相间磁场 A3 直线上各个时刻的轴向力分布情况

存在相间磁场情况下，沿 A3 直线出现了 2 号时间点和 3 号时间点的最大轴向力，其大于电流达到最大时刻的轴向力。在靠近端部附近的线饼处出现了多个时间点在对应位置上的轴向力大于 B 相电流达到最大时刻对应位置的轴向力，而且图中放大的两部分，说明不同位置对应的最大轴向力的时刻不同，取样点为自绕组下端至上端，同时发现中压绕组在 A3 处上部轴向力偏大的情况。由二维磁力线分布可以看出，该实例变压器绕组距离下铁轭较近，使得下方辐向磁密减小，从而下方轴向力较小。

在不考虑相间磁场的作用下，沿 A3 直线最大轴向受力时刻为 B 相电流达到最大电流的时刻，随着 B 相电流的减小，轴向受力减小，而且每个位置所对应的最大轴向力时刻都为 B 相电流达到最大的时刻。

由于计算变压器绕组电动力时必须考虑相间磁场影响，变压器绕组受力模型采用两相短路模型，图 4.8 所示为变压器 A、B 两相短路高压绕组磁密矢量云图，由图可知 A、B 两相最近位置磁密最大。图 4.9、图 4.10 同样证明邻相位置磁密较大，且位于主空道位置。

第 4 章 变压器抗短路能力校核研究热点

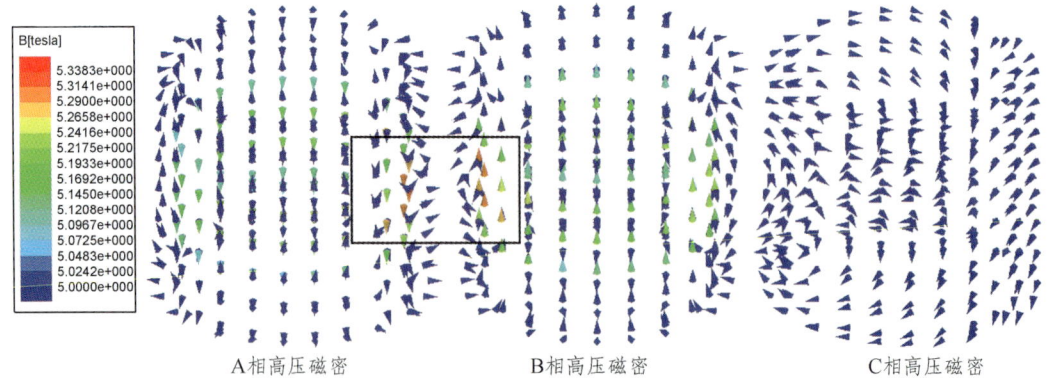

图 4.8 两相短路高压磁密矢量云图

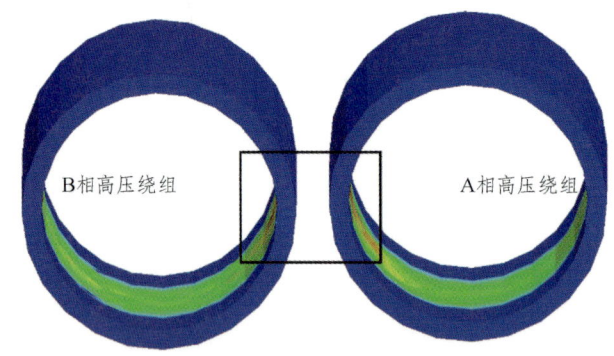

图 4.9 高压磁密标量云图

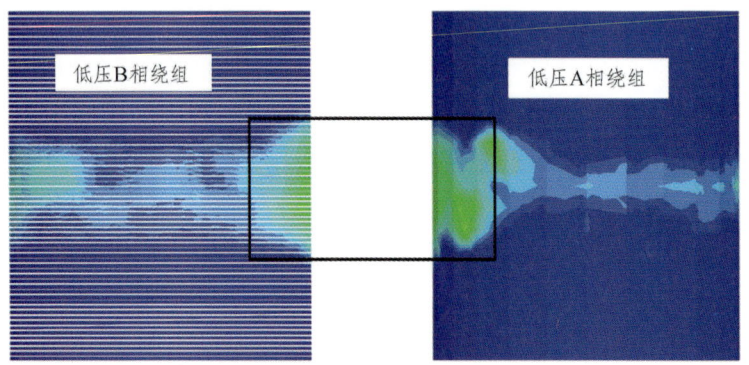

图 4.10 低压磁密标量云图

高压绕组的形变情况如图 4.11、图 4.12 所示，由图可知，绕组局部位置最大形变略大于不考虑相间磁场影响时位置最大形变。

4.1 相间耦合对变压器短路受力的影响

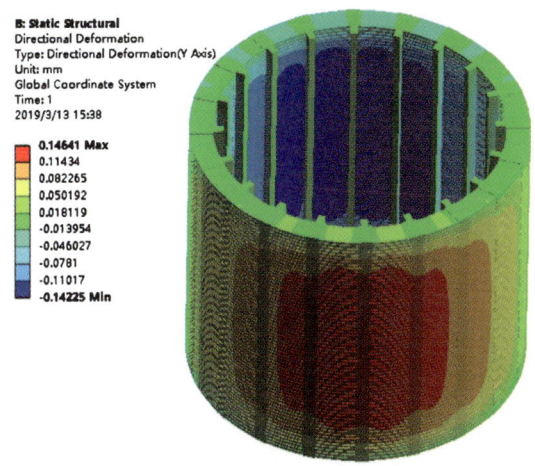

图 4.11 考虑相间影响时绕组形变分布

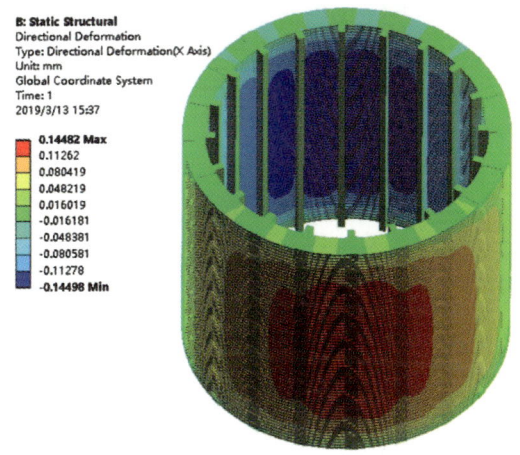

图 4.12 不考虑相间影响时绕组形变分布

计算结果得到的结论如下：

在相间磁场作用下，高、低压绕组的辐向力都得到增强，高、低压绕组中部 20 个线饼的辐向力均增强，并且都是沿半圆弧中心向圆弧两端受增强程度逐渐减小。低压绕组的轴向力受到削弱，端部 10 个线饼受削弱程度在 5%～25%。高压绕组的轴向力受到增强，端部 10 个线饼受增强程度在 20%～90%，并且沿半圆弧中心向圆弧两端受增强程度逐渐减小。从考虑相间影响带来的漏磁场变化及短路力变化情况来看，在分析变压器短路受力时，忽略相间磁场影响会导致变压器短路受力计算出现偏差。

4.2 绕组空间位置短路受力特性分析

当变压器绕组中通过电流时，由于电流与漏磁场的作用，在绕组内将产生电磁机械力，其大小取决于漏磁场的磁通密度与导线电流的乘积，力的方向由左手定则决定。体积力取样位置如图 4.13 所示。变压器绕组由于铁心存在，铁心窗口内外绕组的磁场分布会存在差异，本节对一台 110 kV 变压器搭建了模型，仿真计算了三相短路工况下高、中压绕组不同位置所受短路电动力的分布情况，如图 4.14 和图 4.15 所示。

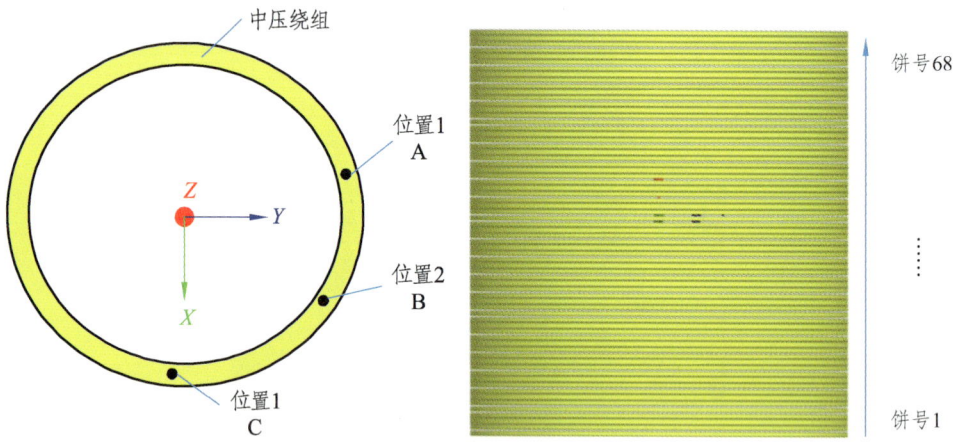

图 4.13 体积力取样位置

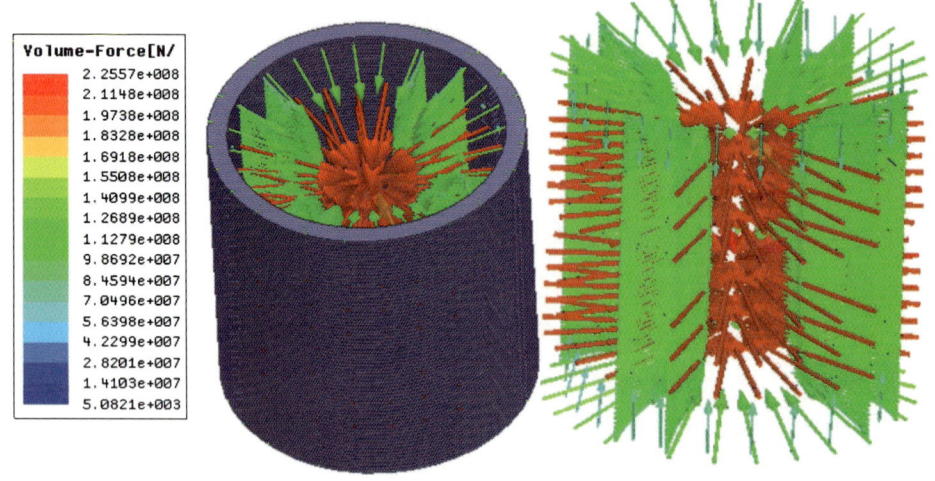

图 4.14 100% 短路电流冲击下中压绕组短路

4.2 绕组空间位置短路受力特性分析

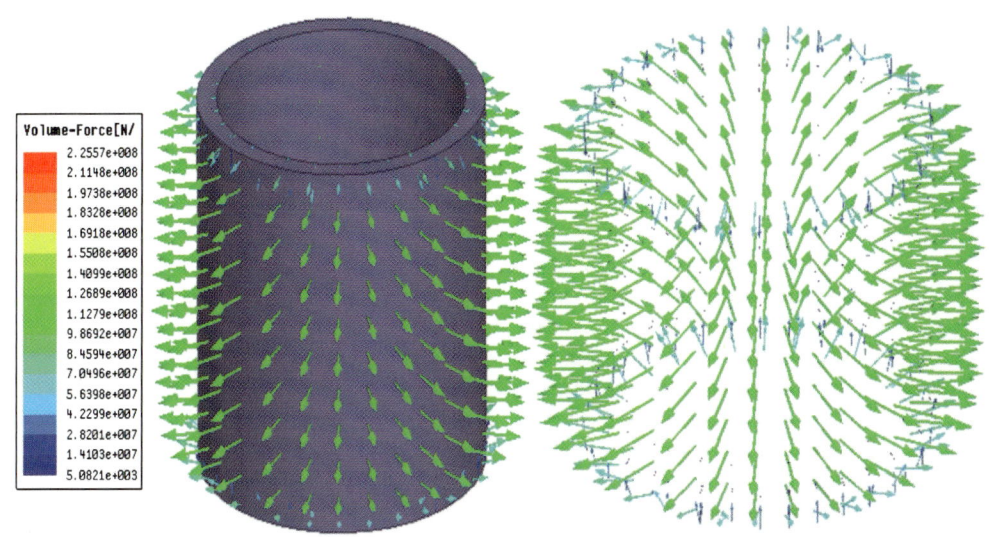

图 4.15　100% 短路电流冲击下高压绕组短路体积力分布规律

图 4.16 所示为取样位置 A、B、C 在不同短路电流冲击下的短路径向体积力密度的对比。从图中可以看出，中部绕组饼受到的径向体积力密度大于两端绕组受到的径向体积力密度，其数值为负，表示其受的为径向压缩力。随着短路冲击电流的增大，径向体积力密度数值增加很明显，绕组两端部径向体积力密度数值与中部绕组径向体积力密度数值差增大，并且窗口内的值大于窗口外的值。

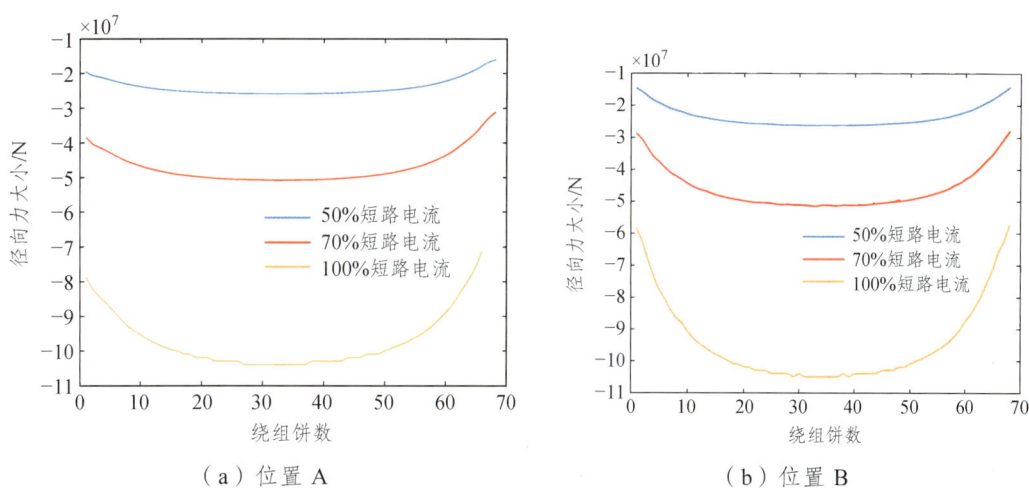

(a) 位置 A　　　　　　　　　　(b) 位置 B

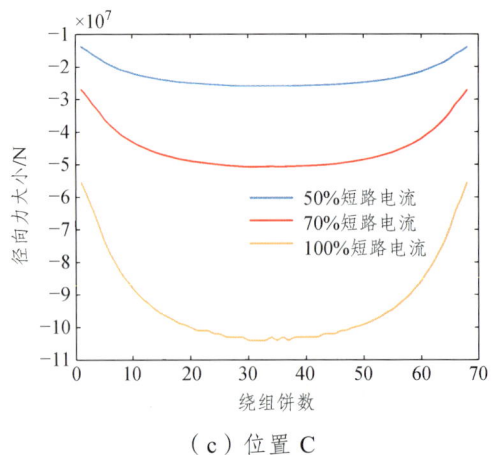

(c)位置 C

图 4.16 径向体积力密度对比

图 4.17 所示为取样位置 A、B、C 在不同短路电流冲击下的短路轴向体积力密度的对比，从图中可以看出，中部绕组饼受到的轴向体积力密度小于两端绕组饼受到的轴向体积力密度，且两端绕组饼受到的轴向短路体积力方向相反，表现为绕组受到两端部的挤压力。随着短路冲击电流的增大，轴向体积力密度数值增加很明显，且绕组两端部轴向体积力密度数值与中部绕组轴向体积力密度数值差增大。

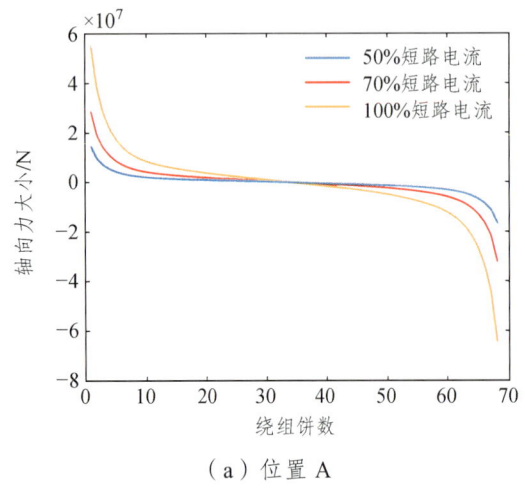

（a）位置 A

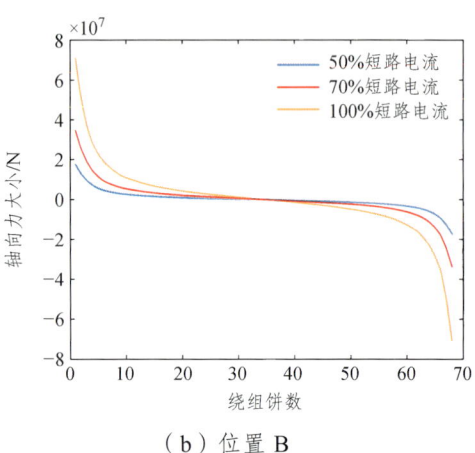

（b）位置 B

4.2 绕组空间位置短路受力特性分析

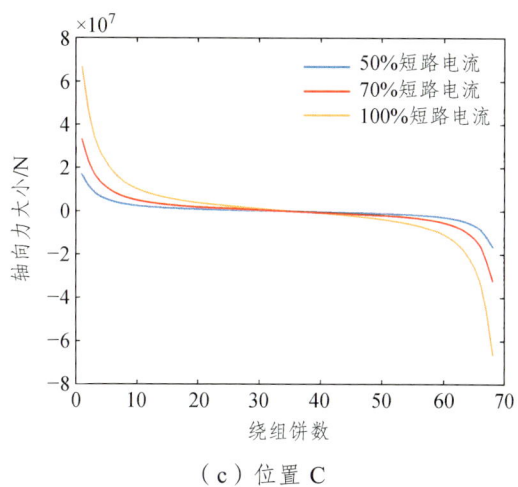

（c）位置 C

图 4.17 轴向体积力密度对比

为研究绕组不同位置所受短路电动力冲击的规律，以绕组周向不同位置径向和轴向体积力密度为研究对象，如图 4.18、图 4.19 所示，可以发现，绕组位置 A 处所受径向短路体积力密度为最大，位置 C 处为最小。而轴向短路体积力密度在位置 A 最小、B 次之、C 最大。

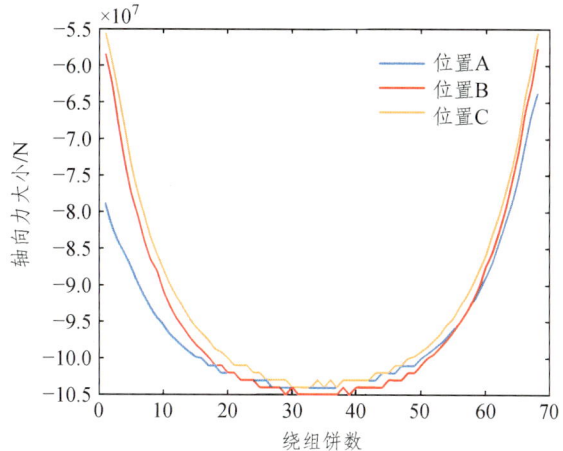

图 4.18 不同位置径向体积力密度对比

第 4 章　变压器抗短路能力校核研究热点

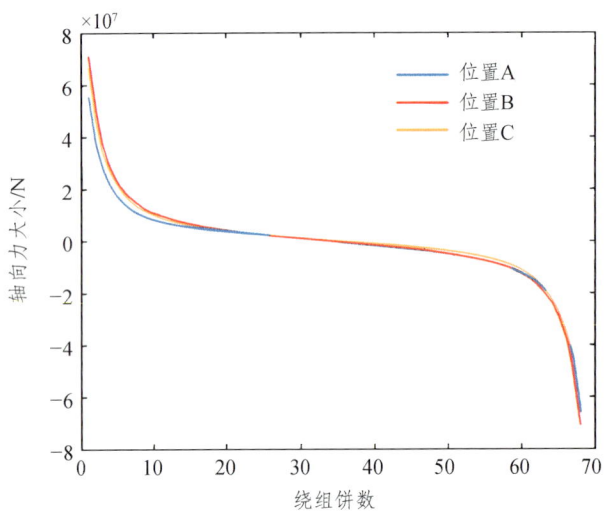

图 4.19　不同位置轴向体积力密度对比

因此，计算结果得到的结论如下：

变压器的轴向及辐向电磁力沿空间位置不同，绕组受力也不相同，轴向力沿垂直高度方向两端大，中部小，沿圆周方向端部窗口内受力小于窗口外受力，辐向力端部窗口内受力大于窗口外受力。

4.3　动态特性对抗短路能力的影响

变压器短路时，作用在变压器绕组上的短路电动力不是恒定不变的，而是按照复杂的规律不断地变化着的，短路力的动态变化与短路电流的变化及设备自身的结构因素都有一定的关系。

4.3.1　短路电流的动态变化过程

短路力的动态过程与短路电流的动态过程息息相关，短路电流是连续变化的，其数学表达式为

$$i_{dmax} = I_{mdN}(\cos\omega t - e^{-t/T_a}) \tag{4.1}$$

式中，I_{mdN} 为稳态短路电流的幅值；T_a 为电路的时间常数。

变压器短路电流中存在直流分量，这些直流分量会随着时间的变化而出现衰减，从典型的变压器短路电流来看，整体短路电流呈现逐步衰减的情况，如图 4.20 所示。而变压器绕组上的电动力是与电流的平方成正比的，因此变压器短路力也是动态变化的过程。通过前面的公式计算得知，当变压器短路发生在电压过零的瞬间时，短路电流将达到最大幅值，绕组的动态过程也将加剧。

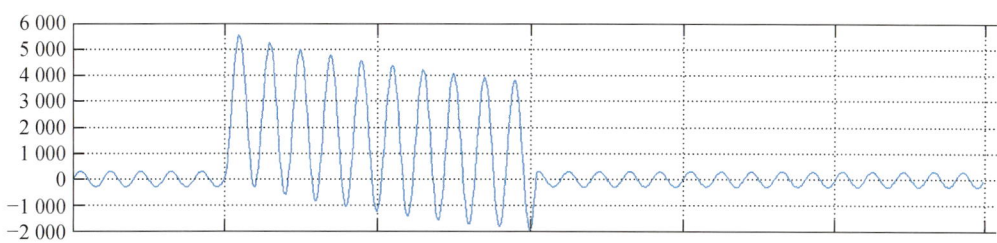

图 4.20　典型变压器短路电流波形

4.3.2　变压器绕组短路动态过程

变压器绕组是由匝绝缘、附加绝缘和绝缘垫块隔开的铜导线所构成的弹性系统，具有一定的弹性，在短路电动力的作用下，绕组及其结构件不是静止不动的，而是围绕着其起始位置不停地振动，在轴向短路电动力的作用上下振动，在辐向短路电动力的作用下外绕组受拉伸力直径增大，内绕组受压缩力直径减小，同时绕组及其结构件还有辐向振动，这必然引起漏磁场发生变化，而漏磁分布的改变又将引起短路电动力发生变化。在变压器短路的过渡过程中，短路电流和漏磁场都是不断变化着的，因此，由短路电流和漏磁场相互作用而产生的短路电动力，实际上是动态力而不是静态力。动态力与绝缘材料的机械性能有关，同时也与惯性力、弹力和绕组各部件位移时作用在其上面的摩擦力等有关，故动态力计算考虑受短路电流随时间变化以及变压器各部件的机械特性弹性、自振频率、摩擦力等因素的影响。

变压器绕组可等效视为集中质量，绝缘垫块、端圈及压板作为弹性元件，建立变压器绕组轴向振动的"质量弹簧系统"，用以分析变压器绕组在轴向短路电动力作用下的轴向动态过程，可将绕组线饼等效为质量单元，将绕组端部绝缘和线饼间的垫块等效为弹簧，建立变压器绕组轴向振动的"质量弹簧系统"模型，如图 4.21 所示。

第 4 章　变压器抗短路能力校核研究热点

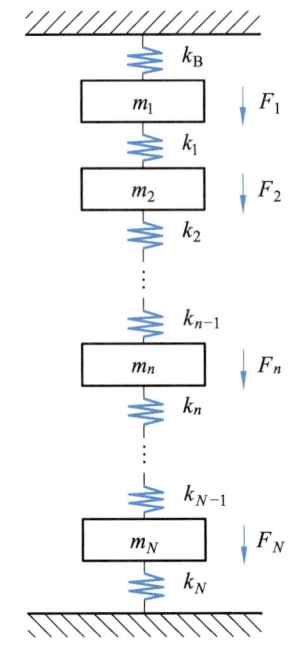

图 4.21　绕组轴向振动模型

各质量单元的运动方程为

$$\begin{cases} m_1 \dfrac{\mathrm{d}^2 z_1}{\mathrm{d}t^2} + c_1 \dfrac{\mathrm{d}z_1}{\mathrm{d}t} + k_B z_1 + k_1(z_1 - z_2) = F_1 + m_1 g \\ m_2 \dfrac{\mathrm{d}^2 z_2}{\mathrm{d}t^2} + c_2 \dfrac{\mathrm{d}z_2}{\mathrm{d}t} + k_1(z_1 - z_2) + k_2(z_2 - z_3) = F_2 + m_2 g \\ \cdots\cdots \\ m_n \dfrac{\mathrm{d}^2 z_n}{\mathrm{d}t^2} + c_n \dfrac{\mathrm{d}z_n}{\mathrm{d}t} + k_{n-1}(z_{n-1} - z_n) + k_n(z_n - z_{n+1}) = F_n + m_n g \\ \cdots\cdots \\ m_N \dfrac{\mathrm{d}^2 z_N}{\mathrm{d}t^2} + c_N \dfrac{\mathrm{d}z_N}{\mathrm{d}t} + k_{N-1}(z_{N-1} - z_N) + k_H z_N = F_N + m_N g \end{cases} \quad (4.2)$$

式中，m_n 为单元 n 的质量；k_n 为线饼 n 与线饼 $n+1$ 之间的垫块弹性系数；k_B 和 k_H 为绕组端部绝缘垫块的弹性系数；z_n 为第 n 个单元相对于本身原先位置的位移；c_n 为摩擦系数；$m_n \dfrac{\mathrm{d}^2 z_n}{\mathrm{d}t^2}$ 为第 n 个质量单元惯性力；$c_n \dfrac{\mathrm{d}z_n}{\mathrm{d}t}$ 为第 n 个质量单元在油或空气中的摩擦力；$k_B z_1$，$k_{n-1}(z_{n-1}-z_n)$，$k_n(z_n-z_{n+1})$，$k_H z_N$ 为弹性力；F_n 为作用在第 n 个单元上的电磁力；$m_n g$ 为第 n 个单元的重量。

式（4.2）可写成矩阵形式：

$$[M]\frac{\mathrm{d}^2\{z\}}{\mathrm{d}t^2}+[C]\frac{\mathrm{d}\{z\}}{\mathrm{d}t}+[K]\{z\}=\{F\}+\{m\}g \tag{4.3}$$

其中，$\{z\}=\begin{pmatrix}z_1\\z_2\\\vdots\\z_N\end{pmatrix}$，$\{F\}=\begin{pmatrix}F_1\\F_2\\\vdots\\F_N\end{pmatrix}$，$[M]=\begin{pmatrix}m_1 & & & 0\\ & m_2 & & \\ & & \ddots & \\ 0 & & & m_N\end{pmatrix}$，$[C]=\begin{pmatrix}c_1 & & & 0\\ & c_2 & & \\ & & \ddots & \\ 0 & & & c_N\end{pmatrix}$

$\{m\}=\begin{pmatrix}m_1\\m_2\\\vdots\\m_N\end{pmatrix}$，$[K]=\begin{pmatrix}k_B+k_1 & -k_1 & & & & \\ -k_1 & k_2+k_3 & -k_2 & & & \\ & -k_2 & k_3+k_4 & -k_3 & & \\ & & & \ddots & & \\ & & & -k_{N-2} & k_{N-2}+k_{N-1} & -k_{N-1}\\ & & & & -k_{N-1} & k_{N-1}+k_H\end{pmatrix}$

此运动方程为二阶微分方程，令 $\{y\}=\begin{pmatrix}z\\\vdots\\z\end{pmatrix}$，则式（4.3）可化为一阶微分方程：

$$\frac{\mathrm{d}\{y\}}{\mathrm{d}t}=\begin{pmatrix}0 & 1\\-[M]^{-1}[K] & -[M]^{-1}[C]\end{pmatrix}\{y\}+\begin{pmatrix}0\\-[M]^{-1}\{F\}\end{pmatrix} \tag{4.4}$$

根据初值条件 $Z|_{t=0}=0$，$\frac{\mathrm{d}z}{\mathrm{d}t}\Big|_{t=0}=0$，采用吉尔公式求解此微分方程组，可得绕组位移随时间的变化，即关系式 $z=f(t)$，进而可求出在动态过程中作用在线饼上的动态力。在短路过程中，动态力与绕组线饼所受的电磁力有很大差别。

考虑到垫块材料的弹塑性特性，则轴向垫块的机械应力场可由下式求解：

$$\left(K+\frac{G}{3}\right)\frac{\partial u_k}{\partial x_{ki}}+G\frac{\partial u_i}{\partial x_{jj}}+F_z=2G\frac{\partial(\omega e_{ij})}{\partial x_j} \tag{4.5}$$

式中，u_k，e_{ij}，u_i 分别表示各点处的应力、应变和位移；G 为剪切弹性模量；K 为体积模量。

通过多次迭代求出线饼所受到的轴向动态力和位移，各个单位根据设计经验可以确定各自的计算评定标准。

4.3.3 辐向力的动态过程

关于变压器绕组辐向动态力，在 20 世纪开展了大量的研究。20 世纪 50 年代，有研究认为变压器绕组轴向预压力很大，垫块与导线间有足够的摩擦力，并假设在短路时绕组撑条固定不变。于是，简化的力学模型是两端埋入（固支）直梁或扁拱梁（见图 4.22 和图 4.23），当时认为靠近主空道的导线依次将电动力向内侧传递，最危险的位置是最内侧的导线。这种撑条没有位移和电动力简单传递的假设，与实际情况差别较大。

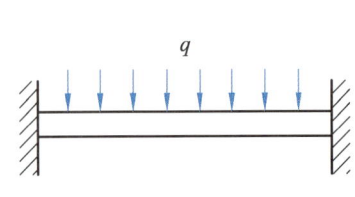

图 4.22 两端固支直梁

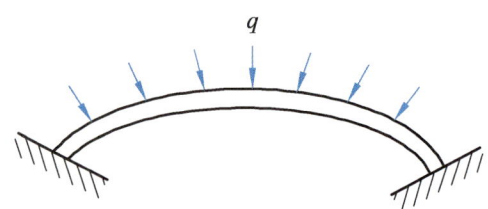

图 4.23 两端固支扁拱梁

20 世纪 60 年代，有研究认为绕组撑条是可以有位移的，但又认为撑条的支撑对内绕组是否失稳不起作用，于是将力学模型简化为两端铰支结构，如图 4.24 所示。按此模型计算时假设每段导线之间没有联系，即不同直径的导线视为独立的部分并单独核算稳定性，按此计算，最危险的位置无疑是内绕组最外侧（靠主空道）的导线。此看法较以往研究有一定进步，但认为各导线间只承受各自部分的电动力，与实际情况差异较大。

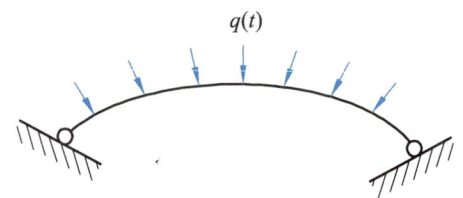

图 4.24 两端铰支拱梁

20 世纪 70 年代，有研究认为铁心柱与内绕组间的套装间隙大于失稳前内绕组的径向位移，所以径向支撑对内绕组是否失稳不起作用。认为整个短路过程中，轴向预压力一直压紧各线段，垫块始终受压力，因此垫块控制着内绕组的失稳方式。在 20 世纪 70 年代末，有研究提出辐向力作用在各段导线上，各线匝应有一定的变形，由于导线内力的平衡作用，电动力应有一个重新分配的问题，这里考虑了导线材料的弹性模量和导线匝绝缘的厚度及其绝缘纸的弹性模量等。同时有研究提出，改善工艺条件，

4.3 动态特性对抗短路能力的影响

增加足够的撑条数,可以将内绕组简化为两端弹性支撑的受均布载荷的弹性扁拱,如图 4.25 所示,此时已提出弹塑性问题。

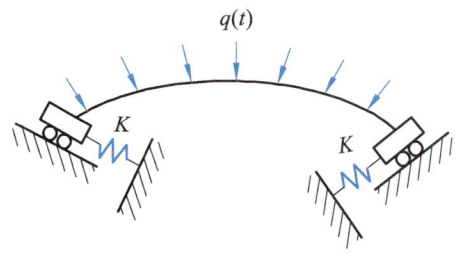

图 4.25 两端弹性支撑扁拱

20 世纪 80 年代,有种观点考虑了内绕组各层导线间的摩擦力,将多层导线组成的内绕组简化为具有相同拉伸和弯曲刚度的圆环,根据铁心柱与内绕组间是否有撑紧的撑条来决定圆环内是否在辐向上存在有效的支撑,简化模型由单跨演变成多跨,如图 4.26 所示。

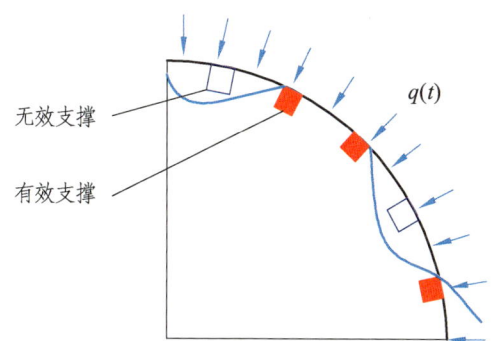

图 4.26 有部分支撑的多跨模型

由于内绕组上的电动力沿环向不是均匀分布的,另外由于制造装配等问题,并不是每一个径向支撑都能起到支撑作用,故将内绕组简化为内部弹性支撑的弹塑性圆环,有以下三种情况:

(1)弹性支撑全部有效支撑的情况。

内部支撑可以每一支撑都起径向支撑作用,即假设所有铁心与内绕组间的径向支撑处都有轴向撑条及插紧撑条等径向支撑,都起到相同的径向支撑作用,如图 4.27 所示。

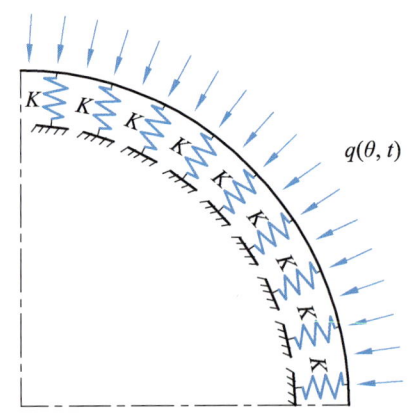

图 4.27　弹性支撑全部有效支撑的多跨模型

（2）弹性支撑一处失效的情况。

内部支撑可以若干个支撑起作用，即假设某一角度处铁心与绝缘纸筒间无插紧撑条，该处的径向支撑不起径向支撑作用，而其他的径向支撑均起到相同的径向支撑作用，如图 4.28 所示。

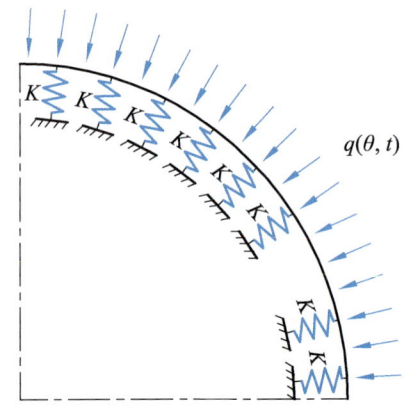

图 4.28　弹性支撑一处失效的多跨模型

（3）弹性支撑一处支撑未完全失效的情况。

某一角度处有不同的径向支撑，如图 4.29 所示，即假设某一角度处有不同的径向支撑 K'，而其他径向支撑处有相同的径向支撑 K。由于弹性支撑一处失效是假设某一角度处铁心与绝缘纸筒间无插紧撑条而认为该处无径向支撑，因此能得到较低的失稳临界载荷，然而实际上即使该处无插紧撑条，由于采用了特硬绝缘纸筒，该处也提供了一定的径向支撑。

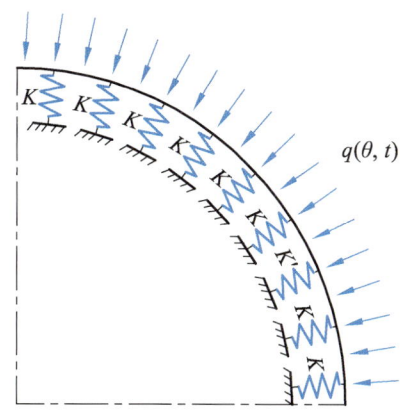

图 4.29　弹性支撑一处支撑未完全失效的多跨模型

铜导线实际上是弹塑性材料，在视在压缩应力的作用下，两个撑条之间导线的应力分布是不均匀的，有的部分会产生塑性变形。在相同的试验条件下，弹塑性扁拱要比弹性扁拱先达到辐向失稳状态。也就是说，弹塑性扁拱的辐向失稳平均临界应力值，低于弹性扁拱的辐向失稳平均临界应力值，故按弹塑性计算比按弹性计算更合理。

4.3.4　小　结

变压器短路时绕组受力是一个动态过程，自 20 世纪以来，国内外学者做了大量的研究，轴向的质量弹簧系统动态模型认可度较高，辐向的动态模型经过多次认知的发展，还在不断地优化中。但是不管轴向和辐向动态模型，在应用时都存在一定的问题，主要包括：模型与实际变压器绕组短路时的等效性问题，模型参数的普适性问题等；同时由于弹塑性非线性动力失稳的定性分析是一个相当复杂的技术问题，目前变压器短路时绕组的动态特性仍是研究热点。

4.4　变压器短路时动态过程试验研究

4.4.1　变压器辐向位移动态过程试验

4.4.1.1　测试装置

绕组短路瞬间线饼周围磁场很强，机械振动力也很大，若设想在线饼周围放入电

第4章　变压器抗短路能力校核研究热点

信号传感器或接触线饼测量振动技术难度较大，为监测绕组短路时的辐向动态过程，沈阳变压器研究院研究团队曾用激光传感器测量线饼辐向振动，由于光对电的绝缘性，免除了接触测量的困难和带来的误差，利用激光束把置于强磁场中的线饼振动用反射光传递出来，可以较好地测量绕组的动态过程。

测量系统由四路激光传感器、振动测量仪、数据电缆和微机终端等组成，采用激光传感器直接测量模型内绕组中间线饼的辐向振动。激光传感器在铁桶内放置，四路激光传感器固定在模型铁桶内腔的中部，铁桶四周各开一个长 150 mm 的条孔和 ϕ60 mm 的圆孔，用于激光通道和视窗观察，其工作原理如图 4.30 所示。

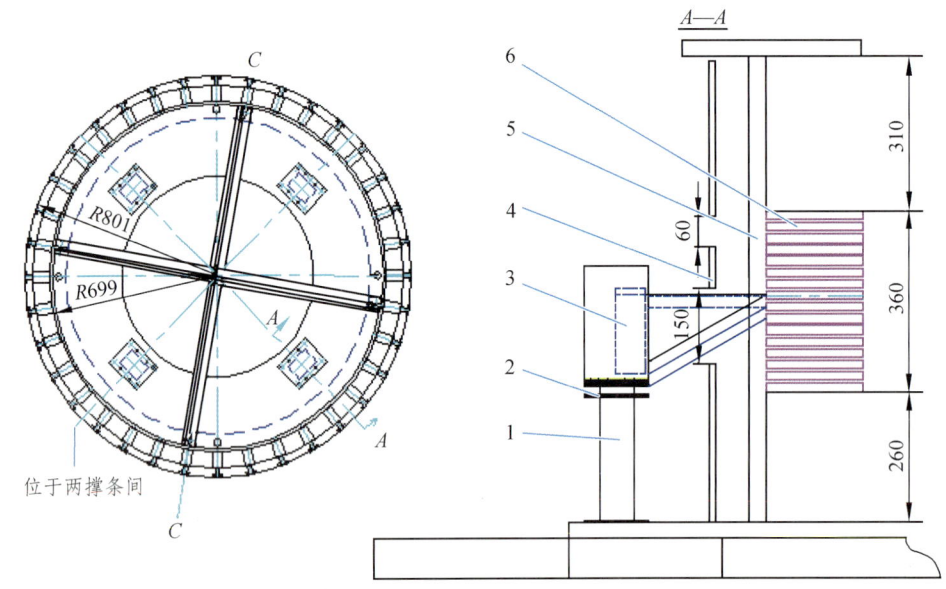

1—支撑座；2—高度调节座；3—激光传感器；4—铁桶；5—纸桶；6—线饼。

图 4.30　传感器工作原理

激光器发出的光线，经会聚透镜聚焦后垂直入射到被测物体表面上，物体移动或者表面变化，导致入射点沿入射光轴移动。入射点处的散射光经接收透镜入射到光电探测器上，散射光经接收透镜会聚后成像，移动物体前后采集的两幅图像，经过软件处理后求出其间距，如图 4.31 所示。

4.4 变压器短路时动态过程试验研究

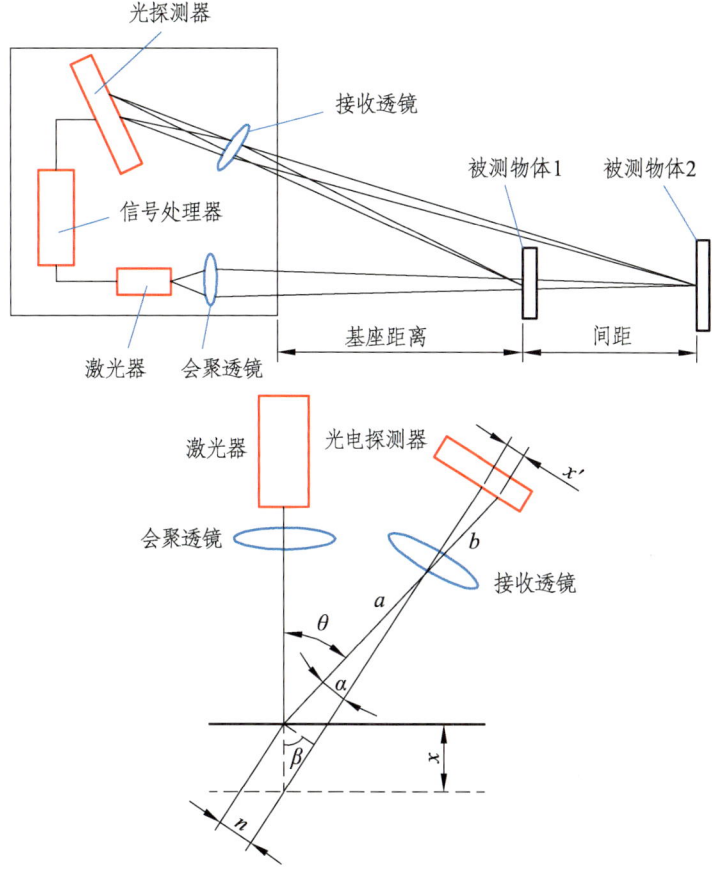

图 4.31 激光测距工作原理

$$\cos\alpha = \frac{\sqrt{a^2-n^2}}{a}$$

$$\sin\alpha = n/a$$

$$\cos\beta = n/x = \cos[180°-\theta-(90°-\alpha)] = \sin\theta\cos\alpha - \cos\theta\sin\alpha$$

由相似三角形可得：

$$\frac{x'}{n} = \frac{b}{\sqrt{(a^2-n^2)}}$$

$$x = \frac{ax'}{b\sin\theta - x'\cos\theta}$$

绕组短路试验时，传感器发出的激光，通过模型支撑件铁桶的条孔，打到被测线

第 4 章　变压器抗短路能力校核研究热点

饼内径侧，按三角反射原理，激光经被测线饼反射，按一定的角度又被传感器接收，根据发射光和反射光形成的几何关系随时间的变化，得到线饼辐向振动位移的频率响应函数。

在图 4.30 中，激光传感器（3）发出的光束垂直打到被测线饼（6）上，经过反射回到传感器的接收端，当被测线饼振动有位移时，返回光线与初始返回光线便有一个夹角，按反射光线不同回折位置，启动传感器不同的开关电量，该电量经传输线传入振动分析仪中，用快速采集卡将各种测量点数据同步采集下来，经 USB 口传入微机中，进行数据分析图像处理，可得到振动位移数据和波形，测量系统整体布置如图 4.32 所示。

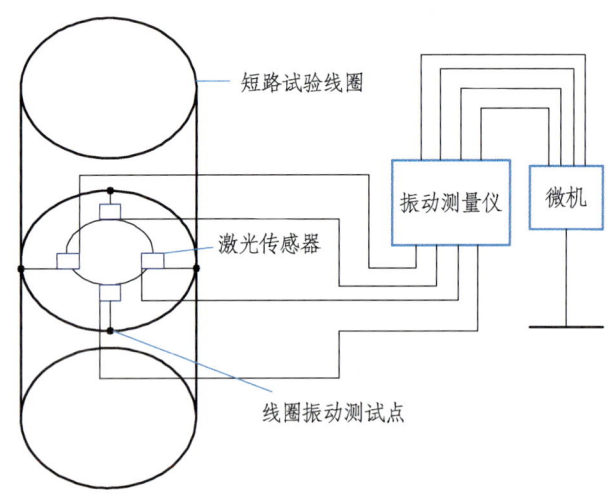

图 4.32　测量系统整体布置

激光测量信号虽然将信号从磁场最密区域传递出来，但进入传感器后进一步输出仍有电磁干扰、衰减等诸多问题，此处对激光传感器进行了电磁屏蔽，使其能在几千高斯的磁场环境中正常工作，考虑到测量地距现场 50 多米距离的信号衰减，采用电流传输模式，并加入屏蔽，顺利完成了电流从 20%～96% 各挡位的测量工作。

4.4.1.2　试验情况

沈阳变压器研究院研究团队以一台实际产品容量为 250 MV·A、电压等级为 500 kV 的单相自耦电力变压器（型号为 ODFPS-250000/500）规格的线圈开展试验研究，经仿真计算模型内绕组辐向压力与产品中压绕组辐向压力接近，模型只模拟实际产品绕组中间部分大约 1/6 总高度的段数，模型绕组的线规与产品中压绕组的线规相同，模型内、外绕组的辐向尺寸与产品中压绕组的辐向尺寸相同，模型内部用钢筒做骨架，代替铁心，内外绕组串联反接以保证绕组安匝平衡。设计关键之处是控制模型的电抗值，使其在试验合闸时辐向受压曲危险情况与实际产品的计算值具有可比性，从而达到模拟真实产品的目的。由于模型处于空气中，磁场介质按空气考虑，考虑到绕组内部支撑件、上下压板及压紧拉螺杆均为铁磁材料，因此应关注模型漏磁场分布对模型局部过热及模型机械强度的影响。

ODFPS-250000/500 变压器高中压运行时产品和短路模型的基本数据如表 4.1 所示。

表 4.1　ODFPS—250000/500 变压器高中压运行时产品和短路模型的基本数据

线圈名称	产品中压线圈	模型内线圈		模型外线圈
单相容量/MV·A	250	293		
电压/kV	230	29.9≈30		
电流/A	1 057.9	9 800		
短路电流/A	6 599.5	9 800		
短路电流峰值/A	17 752.7	26 362		
匝数	354	62		
段数	96	16		
每段匝数	$E=3$（33/36）模拟 E 段辐向受力情况	$2K$ 3（27/36） 7.5	$12E$ 3（33/36） 47	$2K$ 3（27/36） 7.5　$\sum 62$
线圈形式	连续式			
线规	HQQN-1.95$\dfrac{1.65\times 7.5}{23.48\times 17.58}/23\times 2$			
线圈内半径/mm	$R801$			$R1\ 104$
辐向尺寸/mm	23.48×4×2×1.02＋6.25 油道＝198			
轴向尺寸/mm	2 090	16×17.38＋90－8.08＝360		
辐向力/(N/mm)	－122.3	－122.5		—
压曲强度/(N/mm)	481.64	481.64		—
内绕组安全系数	3.94	3.94		

模型试验时需要在内、外串联反接的单根并绕的连续式绕组，并通过 9 800 A 短路

第 4 章　变压器抗短路能力校核研究热点

峰值电流，考核试验模型绕组绝缘结构的电气强度，最后进行 1/5 和 2/5 短路电流加载试验，微小振动位移用激光传感器测量。测量系统由振动测量仪、四通道激光传感器、数据电缆和计算机终端等组成，采用振动测量仪直接测量试验模型观测点的径向振动。短路模型短路试验前现场实物如图 4.33 所示，短路模型接线原理如图 4.34 所示。

图 4.33　短路模型短路试验现场实物

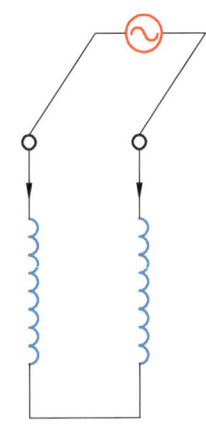

图 4.34　短路模型接线原理

模型试验分两步进行：第一步分 5 个电周期仅做 20% 额定电流和 40% 额定电流下的短路试验，载荷小于极限载荷；第二步做半载和满载额定电流下的短路试验。按 GB/T 1094.3—2017 标准程序，对模型进行第一步部分加载耐压试验。在相对湿度 61%，环境温度 28.5 ℃ 情况下，首先施加短路电压 40 kV，时间 60 s；接着电压升至 50 kV，时间 10 s，在第二次正式短路试验后，模型外观完好。通过对绕组等的检验来看，未见明显变形。

本次短路试验分两步进行：第一步分 5 次仅做 20% 额定电流和 40% 额定电流下的

短路试验;第二步再做余下 55%～100% 额定电流下的短路试验。其施加电流程序如表 4.2 所示。

表 4.2 施加电流程序

试验次数	计算施加电流		测量电流数据				测量电压/kV	施加电流时间/s	电感计算值/mH
	有效值/A	百分数/%	峰值/A	百分数/%	有效值/A	百分数/%			
1	1 960	20	4 034	15.3	2 001	20.4	6.09	0.25	9.693
2	1 960	20	3 634	13.8	2 012	20.5	6.11	0.25	9.671
3	1 960	20	5 244	19.9	2 020	20.6	6.12	0.25	9.649
4	3 920	40	10 384	39.4	3 985	40.7	11.66	0.25	9.318
5	3 920	40	10 414	39.5	4 089	41.7	11.95	0.25	9.307

第二次模型的短路振动试验和测量,试验电流取额定电流的 60%、67%、75%、85%、96% 等几挡,试验前先测量模型的绝缘电阻,其值为 1.62 TΩ,说明模型密封保存良好,没有吸潮,并且测量了模型电抗电阻,进行了耐压试验,第二次短路试验施加的电流过程数据如表 4.3 所示。

表 4.3 第二次短路试验数据

试验次数	计算施加电流		测量电流值				测量电压/kV	施加电流时间/s	电抗测量值/mH
	有效值/A	百分数/%	峰值/A	百分数/%	有效值/A	百分数/%			
1	5 601	57	14 935	56.7	5 860	59.8	16.77	0.26	9.135
2	5 601	57	15 455	58.6	5 860	59.8	16.77	0.08	9.145
3	5 601	57	15 695	59.5	5 876	60.0	16.78	0.26	9.145
4	6 598	67	17 895	67.9	6 737	68.7	19.23	0.26	9.156
5	6 598	74	19 655	74.6	7 397	75.5	21.13	0.25	9.166
6	7 243	74	20 065	76.1	7 415	75.7	21.14	0.25	9.149
7	8 026	82	22 305	84.6	8 408	85.8	23.68	0.10	9.181
8	9 000	92	24 945	94.6	9 437	96.3	26.50	0.10	9.185

典型的测试波形如图 4.35 所示。

第 4 章　变压器抗短路能力校核研究热点

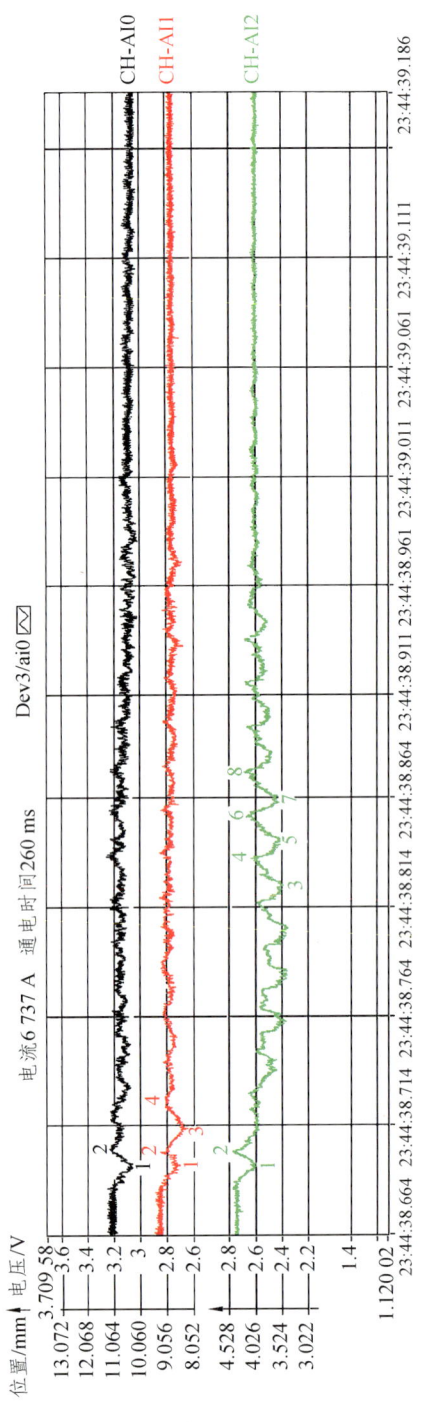

4.4 变压器短路时动态过程试验研究

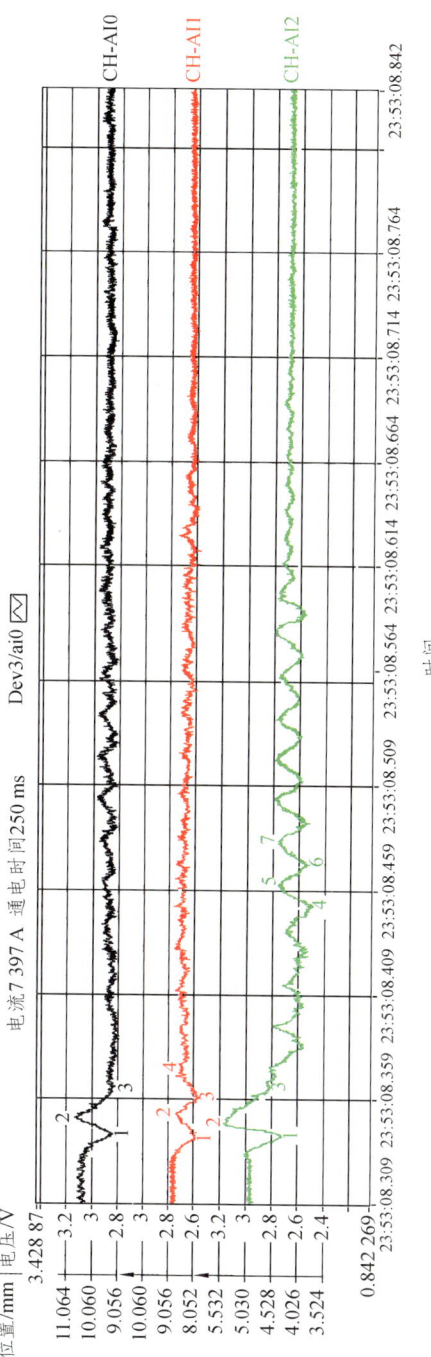

第 4 章　变压器抗短路能力校核研究热点

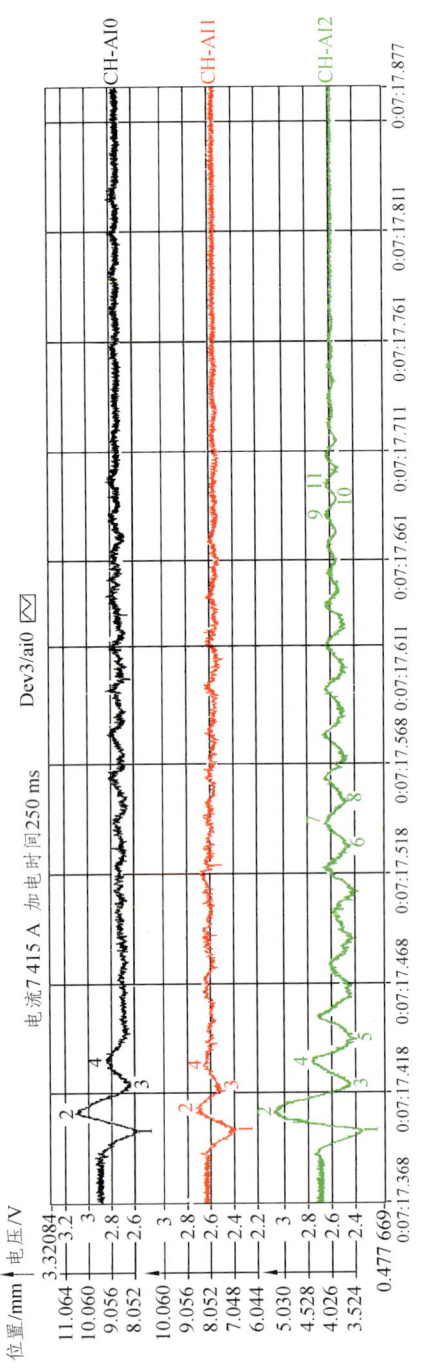

图 4.35　典型的测试波形

4.4 变压器短路时动态过程试验研究

测试到的波形幅值的变化情况如表 4.4 所示。

表 4.4 波形幅值的变化情况

电流	A_{i0}				
	68.7% 6 737 A	75.5% 7 397 A	75.7% 7 415 A	85.8% 8 408 A	96.3% 9 437 A
1 波谷/mm	−0.696	−1.185	−1.583	−2.126	−2.906
1 波峰/mm	+0.132	+0.301	+1.083	−0.575	−0.676
1 谷-1 峰/mm	−0.828	−1.468	−2.666	−1.551	−2.230
2 波谷/mm			−1.357	−3.513	−3.927
1 峰-2 谷/mm			+2.440	+2.983	+3.251
2 波峰/mm				−1.712	−2.181
2 谷-2 峰/mm				−1.801	−1.746
3 波谷/mm					−3.809
2 峰-3 谷/mm					+1.628
基线位移/mm	−0.631	−0.933	−0.840	−1.281	−1.327
电流	A_{i1}				
	68.7% 6 737 A	75.5% 7 397 A	75.7% 7 415 A	85.8% 8 408 A	96.3% 9 437 A
1 波谷/mm	−0.785	−0.865	−1.262	−1.753	−2.251
1 波峰/mm	−0.227	−0.065	+0.467	+1.058	+1.234
1 谷-1 峰/mm	−0.558	−0.800	−1.729	−2.811	−3.485
2 波谷/mm			−0.819	−2.127	−1.375
1 峰-2 谷/mm			+1.286	3.185	+2.609
2 波峰/mm				−1.161	+1.057
2 谷-2 峰/mm				−0.966	−2.432
3 波谷/mm					−0.721
2 峰-3 谷/mm					+1.778
基线位移/mm	−0.506	−0.567	−0.387	−0.919	−0.348

续表

电流	A_{i2}				
	68.7% 6 737 A	75.5% 7 397 A	75.7% 7 415 A	85.8% 8 408 A	96.3% 9 437 A
1 波谷/mm	−0.358	−0.619	−0.903	−1.224	−1.626
1 波峰/mm	+0.075	+0.514	+0.902	+0.548	+0.526
1 谷-1 峰/mm	−0.433	−1.133	−1.779	−1.772	−2.152
2 波谷/mm			−0.594	−1.775	−2.153
1 峰-2 谷/mm			+1.546	+2.323	+2.679
2 波峰/mm				+0.028	+0.304
2 谷-2 峰/mm				−1.803	−2.457
3 波谷/mm					−1.611
2 峰-3 谷/mm					+1.915
基线位移/mm	−0.367	−0.709	−0.012	−1.022	

第四次（4 089 A）测量时短路电流形变数据如表 4.5 所示。

表 4.5　第四次（4 089 A）测量时短路电流形变数据

时间/s		电压/V	位移/mm		电压/V	位移/mm		电压/V	位移/mm		电压/V	位移/mm
8.993		2.357 1	0.192		2.415 6	0.060		3.229 9	0.276		3.120 7	−0.088
8.998	A_{i0}	2.291 9	−0.136	A_{i1}	2.399 4	−0.021	A_{i2}	3.121 7	0.004	A_{i3}	3.180 5	0.061
9.004		2.358 4	0.198		2.369 0	−0.173		3.172 9	0.133		3.196 9	0.102
9.009		2.277 5	−0.208		2.386 4	−0.086		3.054 8	−0.164		3.109 8	−0.116
基准		2.318 9			2.403 5			3.120 1			3.156 1	

表 4.5 中采集的 4 个位置点相对基圆的短路振动形变波形如图 4.36 所示。

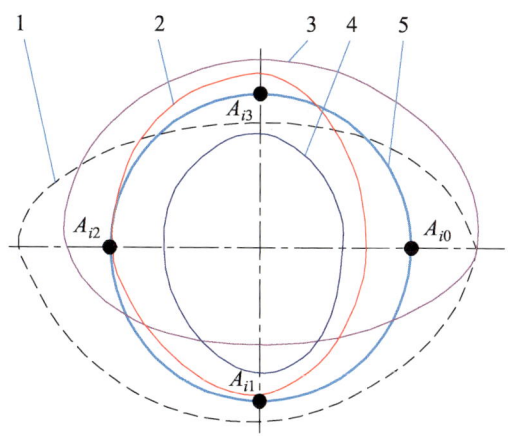

图 4.36 各时刻绕组对应的形变相对于基圆的相对位移

项 1～项 4 分别为 8.993～9.009 s 四个时刻，由线饼四个测量点 A_{i0}～A_{i3} 相对于基圆项 5 的位置连成的位移轨迹，项 5 为线饼四个测量点在短路形变之前的位置。从图中可以看出，通过采集波形数据，可得到在不同时刻线圈测量点位移随时间的变化，反映出在不同电动力作用下线圈的形变。

4.4.1.3　试验结论

（1）测量得到了绕组在不同短路电流下的位移，从测量的数据来看，电流从 20%～60% 绕组都能重回到原位，没有永久形变。当电流加大后，振动波形渐进变化，规律分明，电流加大，振动幅度加大，形变量加大，暂态振动波形个数增加。

（2）当电流达到 68.7% 时，三个测量点同时出现向内收缩的波峰，线饼基线出现位移，即出现永久形变，电流从 68.7%～96.8% 每次之后都出现永久形变，并见到 10 ms 或略大些压缩首峰，周期 20 ms 略长一点，大约有 2 ms 的延时。

4.4.2　变压器短路力动态过程试验

4.4.2.1　变压器短路力测试装置

由于短路电动力测试绕组存在电压高、空间小等问题，经过研究分析确定了压电薄膜短路电动力测试系统。压电薄膜是一种新型高分子压电换能材料，它具有独特的介电效应、压电效应、热电效应。与传统的压电材料相比，压电薄膜具有频响宽、动态

第 4 章　变压器抗短路能力校核研究热点

范围大、力电转换灵敏度高、机械性能强度高、声阻抗易匹配等特点。绕组在短路电磁力的作用下会发生形变,并将产生的力传导给压电薄膜,压电薄膜传感器受到压力转化为电压信号传输给测量系统。

如图 4.37 所示,压电薄膜在 x 方向受力时,将产生厚度变形,并发生极化现象,在 x 方向产生的电荷 q_x 与作用力 F_x 成正比。

$$q_x = d_{11} F_x$$

式中　q_x——压电系数;

d_{11}——x 轴的平面上电荷;

F_x——沿 x 轴施加的作用力。

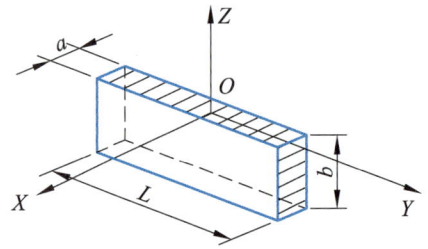

图 4.37　压电薄膜测力原理

压电薄膜感应电势原理如图 4.38 所示。

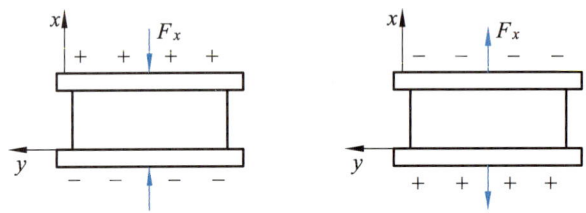

图 4.38　压电薄膜感应电势原理

$$U_x = \frac{q_x}{C_x} = \frac{q_x}{d_{11} F_x}$$

式中　U_x——电极两端电压;

C_x——极板的电容量。

4.4.2.2 短路力试验

短路试验设计了一台干式敞开式变压器,其中 A、B 两相浸漆,采用梳型垫块,C 相为不浸漆,采用撑条垫块结构,敞开干式变压器结构如图 4.39 所示,基本参数如表 4.6 所示。

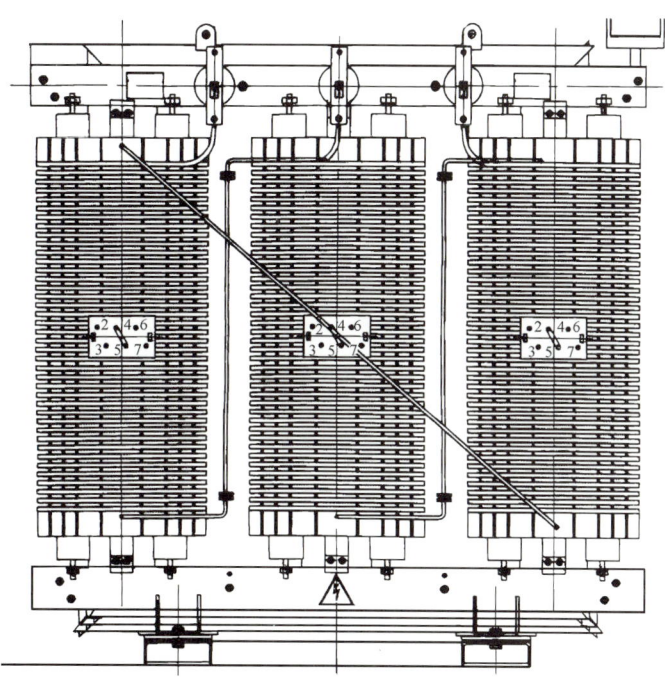

图 4.39 敞开干式变压器结构

表 4.6 变压器基本参数

产品类型	干式变压器
产品型号	SG10-1250/10
额定容量/kV·A	1 250
电压组合	10/0.4
短路阻抗/%	6
铁心结构	三相三柱
铁心窗高/mm	900
铁心直径/mm	250

第 4 章　变压器抗短路能力校核研究热点

续表

产品类型	干式变压器	
绕组形式	高压绕组 饼式	低压绕组 箔式
匝数	682	15
段号与每段匝数对应情况	1~14 段：16 匝 15~18 段：15 匝 19~20 段：16 匝 21 段：17 匝 22~23 段：16 匝 24~42 段：17 匝	15
正常段线饼内半径/mm	412	272
正常段线饼外半径/mm	471	336
线规种类	铜扁线	铜箔
单根导线线规/mm	1.5×9	1.1×780
导线并绕根数	1	1
绕组匝绝缘厚度/mm	0.26	0.13
每匝导线截面/mm^2	13.29	858
导线 $\sigma_{0.2}$ 值/MPa	212	98
撑条数×宽/mm	12×10	12×8
垫块宽/mm	60	60
绕组轴向预紧力/kN	20 140	20 140
绕组上端至上铁轭距离/mm	105	60
绕组下端至下铁轭距离/mm	105	60
绕组总段数	42	32
绕组压缩后总高度/mm	804	804
横向洛氏系数 ρ_s	0.956 9	

短路试验接线原理如图 4.40 所示。

4.4 变压器短路时动态过程试验研究

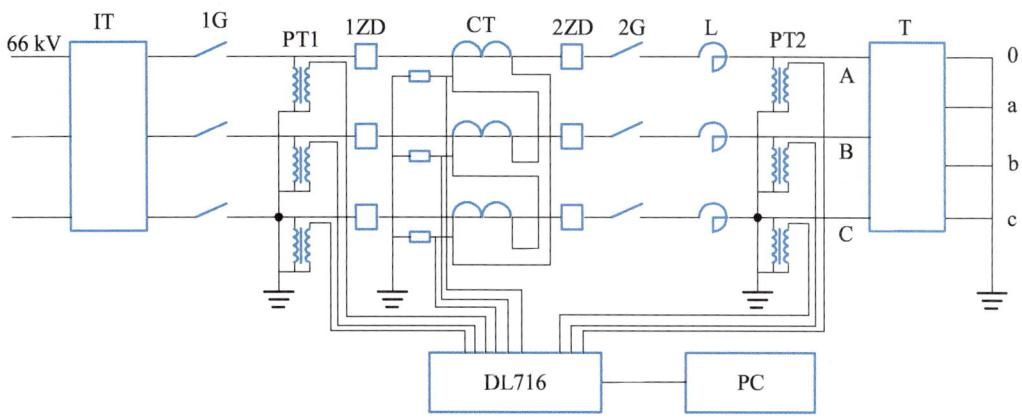

IT—5 000 kV·A 中变；1G、2G—隔离开关；1ZD、2ZD—真空断路器；CT—电流互感器；
PT1、PT2—电压互感器；L—电抗器；T—被试变压器；
DL716—通道记录仪；PC—计算机。

图 4.40 短路试验接线图

研究轴向力沿绕组高度及不同圆周位置轴向力分布；研究辐向力沿绕组不同圆周位置分布情况。轴向力测试：A 点是 0° 轴向一个点；B 点是 90° 处上中下轴向 3 个点；C 点是 135° 轴向一个点，如图 4.41 所示。辐向力测试：研究辐向力沿绕组不同圆周位置分布情况：A 点是 0° 处测试一个点，B 点是 45° 辐向线圈部一点。C 相测试轴向及辐向短路电动力，探索短路电动力的分布规律，A、B 相测试短路电动力的动态过程及其相关规律。现场测试及传感器布点情况如图 4.42 和图 4.43 所示。

（1）三相短路，按 C 相过零考虑。

施加电流从 70% 短路电流开始，按 5% 递增，如果电抗前后变化小于 2%，一直施加到 100% 结束；如果电抗前后变化大于 2% 但小于 4%，需根据电抗变化情况，现场再决定电流递增大小和次数；如果电抗前后变化大于 4%，试验结束。

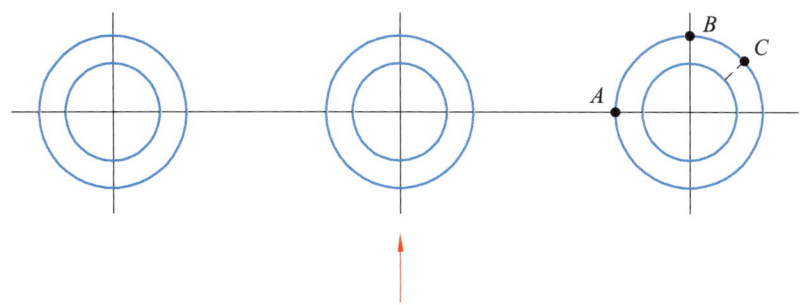

图 4.41 传感器布置示意

第 4 章　变压器抗短路能力校核研究热点

图 4.42　现场测试图片

图 4.43　传感器布点情况

（2）单相短路。

单相短路试验顺序：先做 C 相，然后做 A 相，最后做 B 相。C 相短路：施加电流从 70% 短路电流开始，按 5% 递增，如果电抗前后变化小于 2%，一直施加到 100% 结束；如果电抗前后变化大于 2% 但小于 4%，需根据电抗变化情况，现场再决定电流递增大小和次数；如果电抗前后变化大于 4%，试验结束。

4.4.2.3 电动力测试结果

(1) 三相调波 70% 短路电流波形。

三相调波 70% 短路电流波形正常,如图 4.44 所示。

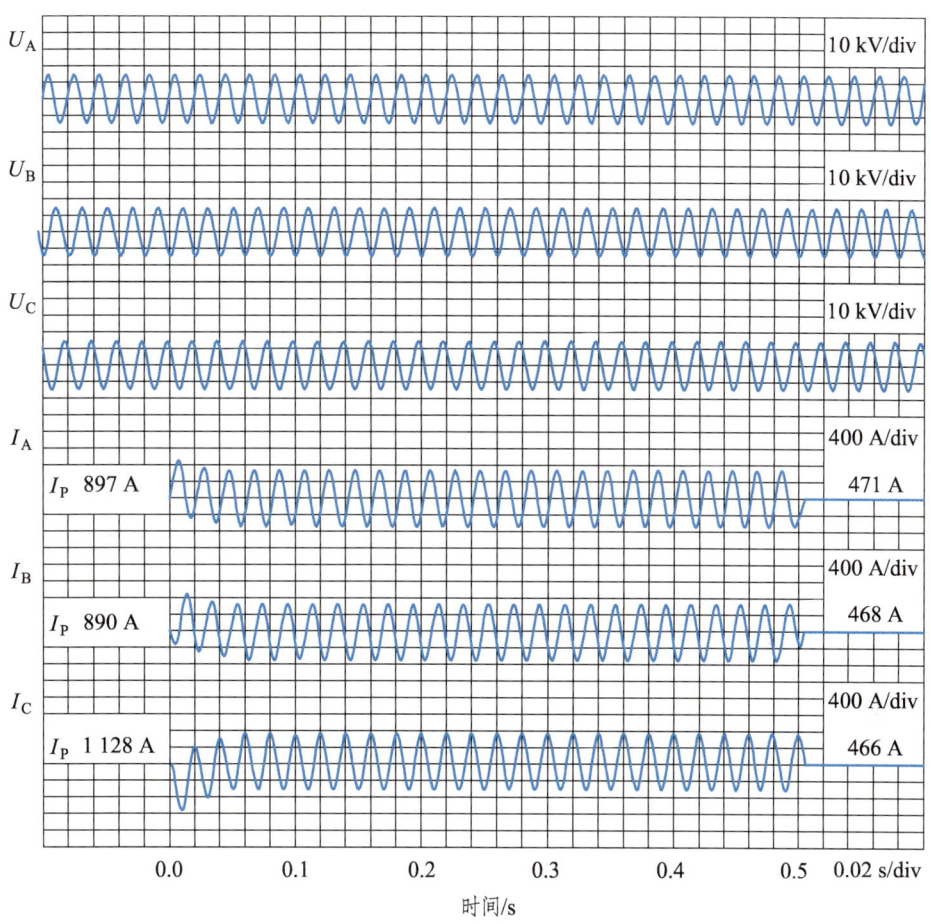

图 4.44 三相调波 70% 短路电流波形

(2) C 相 70% 短路电流波形。

施加的短路电流从 30% 开始,分别为 40%、45%、50%,如果阻抗变化小于 2%,继续按 5% 递增至 100% 结束;当中间发生阻抗变化小于 2% 的情况时,停止试验;当实际施加电流为 50% 短路电流时,现场对地放电,停止测试。测试结果如表 4.7~表 4.9 所示。

第 4 章　变压器抗短路能力校核研究热点

表 4.7　轴向短路电动力圆周方向测试结果

短路电动力值	30% 短路电流	40% 短路电流	45% 短路电流
上部短路电动力 /N	10.829	14.742	16.198
中部短路电动力 /N	0	2.73	6.097
下部短路电动力 /N	9.919	14.105	13.013

表 4.8　轴向短路电动力垂直方向测试结果

短路电动力值	30% 短路电流	40% 短路电流	45% 短路电流
0° 处短路电动力 /N	1.82	2.275	2.575
90° 处短路电动力 /N	10.829	14.742	16.198
135° 处短路电动力 /N	10.01	13.468	14.648

表 4.9　辐向短路电动力沿圆周方向测试结果

测试位置	C 相 0°	C 相 45°
30% 处短路电动力 /N	0.637	0.617
40% 处短路电动力 /N	0.826	0.797

（3）B 相试验方案调整及短路电流的施加。

现场 C 相试验发生击穿放电，B 相试验方案重新做了调整，为了保证得到短路电动力测量值，决定 B 相只在高压上端垫块和压钉间放置一个轴向传感器，测试其轴向电动力和短路电流的关系。

施加的短路电流从 30% 开始，到 90% 为止按 10% 递增，分别为 40%、50%、60%、70%、80%、90%，如果阻抗变化小于 2%，继续按 5% 递增至 100% 结束；当中间发生阻抗变化小于 2% 的情况时，停止试验；当施加电流到第八次即 95% 短路电流时，B 相本体在作用时间最后一个周波发生了电压跌落放电。图 4.45 给出了典型测试波形。

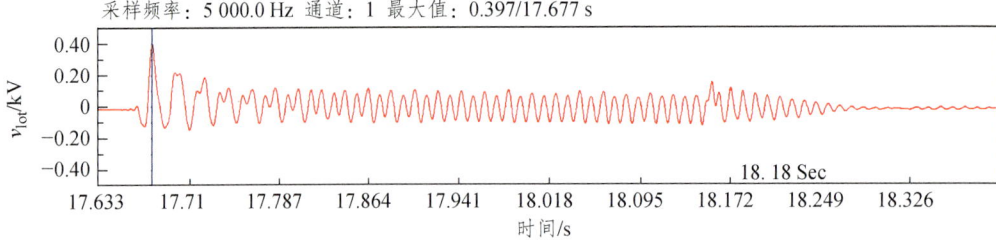

4.4 变压器短路时动态过程试验研究

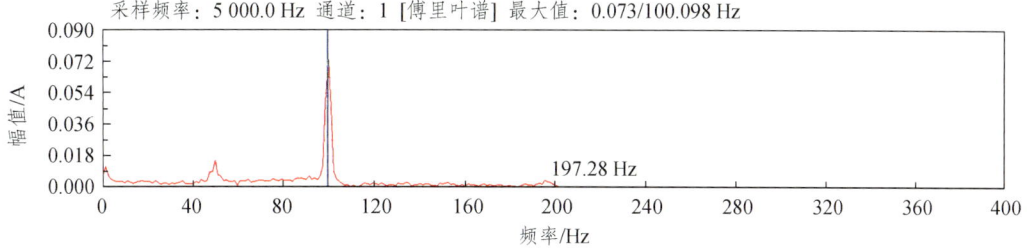

图 4.45 测试典型波形

（4）A、B 相电动力测量结果汇总。

施加不同短路电流工况下，电动力测量结果汇总如表 4.10、表 4.11 所示。

表 4.10 A 相电动力测量结果汇总（$I_{100\%}=646.1\text{ A}$）

短路电流次数	短路电流/%	短路电流/A	传感器输出电压/V	短路电动力/N
1	30	193.83	0.404	689.734
2	40	258.44	0.894	1 525.361
3	50	323.05	1.445	2 466.226
4	60	387.66	2.445	4 173.410
5	70	452.27	3.982	6 796.040
6	80	516.88	6.101	10 413.686
7	90	581.49	8.464	14 446.847
8	95	613.795	11.425	19 500.492

表 4.11 B 相电动力测量结果汇总（$I_{100\%}=646.1\text{ A}$）

短路电流次数	短路电流/%	短路电流/A	传感器输出电压/V	短路电动力/N
1	70	452.27	1.693	2 888.878
2	80	516.88	2.100	3 585.094
3	85	549.185	2.211	3 774.040
4	85	549.185	2.365	4 036.035
5	85	549.185	2.442	4 168.045
6	85	549.185	2.284	3 898.838
7	85	549.185	2.152	3 672.700
8	85	549.185	2.099	3 582.840

续表

短路电流次数	短路电流/%	短路电流/A	传感器输出电压/V	短路电动力/N
9	90	581.49	2.726	4 652.652
10	90	581.49	2.620	4 472.635
11	90	581.49	3.081	5 259.326
12	90	581.49	2.535	4 327.594
13	90	581.49	2.634	4 495.043
14	90	581.49	2.632	4 491.924
15	95	613.795	2.986	5 096.536

4.4.2.4 试验小结

（1）沿线圈垂直方向，上部与下部轴向力大；沿线圈圆周方向，窗口内的轴向力明显小于窗口外的轴向力。

（2）沿线圈圆周方向，窗口内的辐向力大于窗口外的辐向力。短路电动力的动态情况明显，随着电流增加，短路电动力同步呈现增加。

4.4.3 变压器短路失稳试验研究

为获取变压器失稳特性，设计制造了 DS-27000 kV·A/35 kV 模型变压器开展绕组稳定性测试与分析，试验的目的是监测短路时轴向动态过程，探索轴向失稳机理和辐向失稳机理，并探索多次冲击对变压器抗短路能力的影响，验证校核的准确性。

模型旨在模拟早期和近期不同变压器结构对抗短路能力的影响。根据上述对比，模型设计了两套三绕组变压器，短路电流和受力达到 40 MV·A/110 kV 的水平，1 套按早期变压器结构设计，另一套按现在新的结构设计，变压器参数如表 4.12 所示。

表 4.12　A、B 柱绕组设计思路

A 柱	B 柱
高压线圈：不设调压；采用纸包导线 $R_{P0.2}=140$ MPa	高压线圈：不设调压；采用纸包导线 $R_{P0.2}=160$ MPa

续表

A 柱	B 柱
中压线圈：采用纸包导线 $R_{P0.2}=140\ \text{MPa}$，没有硬纸筒； 低压线圈：采用纸包导线 $R_{P0.2}=140\ \text{MPa}$，内部支撑用硬纸筒	中压线圈：采用换位导线 $R_{P0.2}=160\ \text{MPa}$，没有硬纸筒； 低压绕组：采用自粘换位导线 $R_{P0.2}=160\ \text{MPa}$；低压线圈采用硬纸筒支撑
端部采用整块压板，设压块	端部采用整块压板，设压钉
考量点： 导线形式：软态换位导线的支撑力； 线圈结构：中压线圈不带硬纸筒，较低压线圈矮 20 mm，考量加工工艺对变压器轴向力的影响	考量点： 导线形式：半硬纸包导线的支撑力； 线圈结构：中压线圈不带硬纸筒； 线圈结构：低压内支撑薄弱
（1）验证换位导线对抗短路能力的影响。 （2）模拟工艺为压紧线圈，中压矮几毫米对变压器轴向短路电动力的影响	（1）验证软态导线对抗短路能力的影响。 （2）验证硬纸筒在抗短路能力方面的作用

该变压器的基本参数如表 4.13 所示。

表 4.13 基本参数表

A 柱			
变压器型号	DS-27000		
单柱额定容量 /kV·A	9 000		
电压比/kV	34.2/13/6.16		
阻抗电压	6.76%/9.86%/17.96%		
铁心直径/mm	500		
径向尺寸/mm	250-(16)-50.5-(20)-49-(28)-66		
铁心窗高/mm	$H_W=1\ 380$，$M_0=990$		
线　　圈	低压线圈	中压线圈	高压线圈
额定电流/A	1 461.74	692.4	263.11
线圈匝数	90	190	500
线圈形式	单螺旋	连续式	连续式
线圈段数	93	68	74
导线形式	换位导线	换位导线	组合导线

续表

线圈	低压线圈	中压线圈	高压线圈
导线尺寸/mm	HNC1-0.6 3//1.4×4.5(19)	HNC1-0.6 1//1.6×6.8(15)	ZZB-0.95(0.3+0.65) 2//2×1.7×12.5
单根导线截面面积/mm²	6.09	10.67	20.89
导线机械强度/MPa	160	160	160
线圈径向尺寸/mm	50.5	49	66
垫块高度/mm	280	194	231
撑条数	16	16	16
垫块尺寸/mm	30	30	30
线圈电抗高/mm	1 188	1 182	1 202
垫块压缩率/%	92.00%	91.50%	91.50%
上部绝缘距离/mm	50（压板）+80	50（压板）+90	50（压板）+80
下部绝缘距离/mm	85	95	85
线圈质量/kg	536	640	1 100
油箱尺寸/mm	2 200×1 310×2 580($L \times W \times H$)		
夹件尺寸/mm	1 800×400×20($L \times H \times t$)		
夹件距线圈压板距离/mm	上 120，下 100		
B 柱			
变压器型号	DS-27000		
单柱额定容量/kV·A	9 000		
电压比/kV	34.2/13/6.16		
阻抗电压	6.4%/9.43%/17.12%		
铁心直径/mm	500		
径向尺寸/mm	250-(16)-43-(24)-47.5-(28)-72.5		
铁心窗高/mm	$H_W = 1\,450$，$M_0 = 995$		
线圈	低压线圈	中压线圈	高压线圈
额定电流/A	1 461.74	692.4	263.11
线圈匝数	90	190	500

4.4 变压器短路时动态过程试验研究

续表

线 圈	低压线圈	中压线圈	高压线圈
线圈形式	单螺旋	连续式	纠结连续式
线圈段数	94	66	74
导线形式	纸包导线	纸包导线	组合导线
导线尺寸/mm	ZB-0.45 16//2.12×10.3	ZB-0.45 6//2.36×15	ZZB-1.35(0.45+0.9) 2//3×1.6×13.2
单根导线截面面积/mm²	21.47	34.85	20.91
导线机械强度/MPa	140	140	140
线圈径向尺寸/mm	43	47.5	72.5
垫块高度/mm	284	274.5	225
撑条数	16	16	16
垫块尺寸/mm	30	40	50
线圈电抗高/mm	1 261	1 275	1 275
垫块压缩率	92.00%	91.50%	91.50%
上部绝缘距离/mm	50（压板）+40	50（压板）+40	50（压板）+40
下部绝缘距离/mm	50	50	50
线圈质量/kg	520	680	1 126

制作本模型主要考虑以下几个主要问题：

（1）模拟老旧变压器的结构特点，探寻老旧变压器抗短路能力的薄弱点，找准老旧变压器提质改造的切入点，为后期变压器改造提供思路。

（2）模拟现有新变压器的特点，通过理论计算和试验验证新结构和新材料对提高抗短路能力的有效性，为下一步变压器抗短路能力设计提供依据。

（3）在线圈上设置轴向和辐向不稳定因素，探寻工艺制造问题对变压器抗短路能力的影响，并寻找理论计算和实际验证的吻合程度。

采用两相两柱铁心，根据上述3个主要问题分别在A柱、B柱设置三绕组线圈，A柱模拟新变压器结构，B柱模拟老旧变压器。以下从电流、导线形式等方面对现场实际运行的110 kV变压器和模型变压器B柱做比较，如表4.14和表4.15所示。

第 4 章　变压器抗短路能力校核研究热点

表 4.14　基本参数对比

线圈	SFSZ9-40000/110	B 柱	形式	备注
额定电压/kV				
	110/38.5/10.5	34.2/13/6.2		
额定电流/A				
HV	209.95	263.11		模型变压器大于在运变压器
MV	599.84	692.4		
LV	1 269.84	1 461.74		
导线形式				
HV	组合导线	组合导线		
MV	纸包导线	纸包导线		一致
LV	纸包导线	纸包导线		
导线强度/MPa				
HV	140	140		
MV	140	140		一致
LV	140	140		
导线尺寸/mm				
HV	2//2×1.7×10.6	2//2×1.6×13.2	连续式	
MV	8//1.9×11.2	5//2.36×15	连续式	一致
LV	28//1.8×7.5	16//2.12×10.3	单螺旋	
设计阻抗				
H-L	17.81%	17.12%		
H-M	9.89%	9.43%		相近
M-L	6.45%	6.4%		

表 4.15　短路电流及短路电动力计算对比

线圈	组合	设计阻抗		稳态短路电流/A		备注
		SFSZ9-40000/110	模型变压器 B 柱	SFSZ9-40000/110	模型变压器 B 柱	
HV	H-M	9.89%	9.43%	2 122.9	2 790.1	模型变压器大于在运变压器
MV				6 065.1	7 342.5	
LV	H-L	17.81%	17.12%	7 129.9	8 538.2	
MV	M-L	6.45%	6.4%	9 299.8	10 819	
LV				19 687.4	22 840	

4.4 变压器短路时动态过程试验研究

A 柱模型额定电压、额定电流及短路阻抗和 B 柱基本一致，采用的线圈结构和目前国内某主流厂家使用的线圈结构一致，中低压都使用了自黏换位导线。考虑到实际变压器的制造工艺，例如高压、中压和低压线圈由于线圈形式，匝绝缘和绝缘油道压缩系数不一致等问题，导致制造后三个线圈高度不一样等问题，设置了 A 柱中压线圈比高、低压线圈矮 20 mm，并进行分析，理论上轴向力有较大增加。分析结果仅是理论计算，通过试验验证来寻找之间的差异也是本模型希望解决的问题。

为了监测短路时的动态过程，在变压器的 A、B 柱压板上部、压钉下部布置了电动力传感器，如图 4.46 和图 4.47 所示。

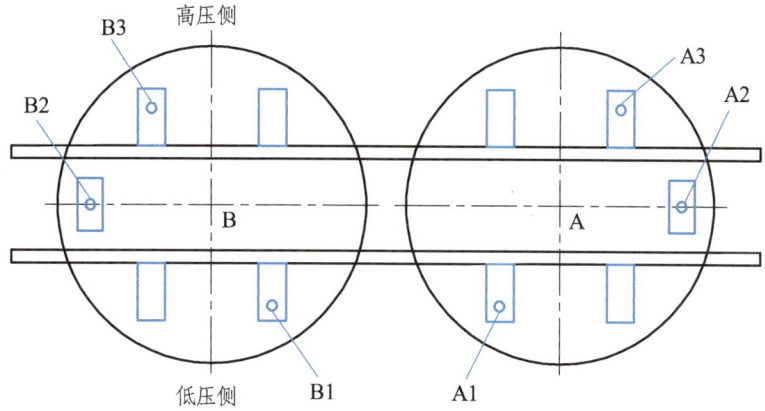

图 4.46 传感器布置示意图

图 4.47 现场测试

第 4 章　变压器抗短路能力校核研究热点

1．A 柱试验情况

首先对该变压器 A 柱开展短路试验，先后对 A 柱开展 7 次短路试验，高-低 4 次试验，高-中 3 次试验，轴向力测试的典型图形如图 4.48 所示，短路电动力的测试结果如表 4.16 所示。

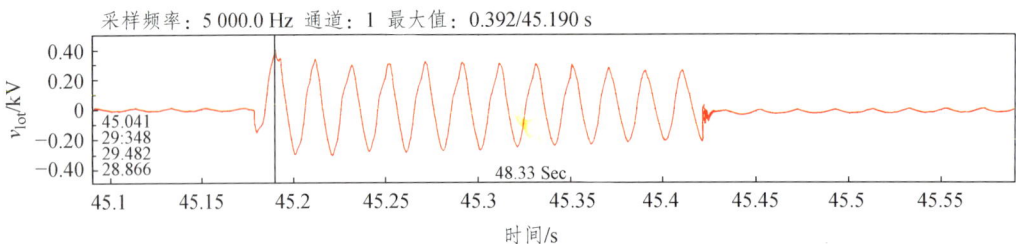

图 4.48　轴向力的测试波形

表 4.16　A 相电动力测量结果汇总表

传感器编号	短路电流	非对称短路电流第一峰值/A	对称短路电流方均根值/A	传感器输出电压/V	短路电动力/N
1	高压-低压 70%	2 823	1 048	0.024	161.369
2				0.026	166.778
3				0.049	336.855
1	高压-低压 100%	4 233	1 536	0.05	332.846
2				0.032	201.065
3				0.054	368.301
1	高压-低压 100%	4 133	1 557	0.036	241.463
2				0.032	206.041
3				0.091	632.631
1	高压-低压 100%	4 243	1 578	0.034	228.834
2				0.030	191.333
3				0.090	614.053
1	高压-中压 70%	5 065	1 993	0.072	478.249
2				0.073	461.092
3				0.127	868.534
1	高压-中压 85%	6 196	2 396	0.049	325.062
2				0.100	635.348
3				0.165	1 130.591
1	高压-中压 100%	7 274	—	0.204	1 366.022
2				0.388	2 460.127
3				0.161	1 101.670

4.4 变压器短路时动态过程试验研究

该变压器在做高-中 100% 短路电流试验时，发生对地放电，解体检查发现该变压器 A 柱发生轴向失稳，具体情况如图 4.49 ~ 图 4.51 所示。

图 4.49　短路电动力监测数据

图 4.50　A 柱压板崩碎，中压轴向变形

图 4.51　下端压板变形

测试结果表明，该变压器 A 柱绕组轴向失稳并非在短路电流最大时发生损坏，从动态力的测试结果可以看出，变压器轴向失稳损坏前轴向力呈现逐步递增的趋势，在 2.5 个周波后出现了轴向失稳的情况。

2．B 柱试验情况

为了掌握 B 柱的辐向失稳机理及多次冲击的影响，对 B 柱先后开展了 25 次短路试验，高-低短路试验顺利通过。做高-中试验时，变压器短路阻抗超过标准要求，具体现场试验记录情况如图 4.52 和图 4.53 所示。

现场试验按照高-低、高-中、中-低的次序开展，高-中试验时，中压侧发生变形，阻抗变化达到 7.24%，超过标准要求，根据阻抗测试结果判断为中压线圈发生了变形。现场决定更换接线，不再继续开展高-中短路试验，转而开展中-低短路试验，由于中压线圈变形，现场施加了较小的短路电流，从测试结果来看，在 20% 左右的短路电流时，中-低的短路阻抗变化就超过 2%，如图 4.54 和图 4.55 所示。

变压器短路承受能力试验现场记录

委托单位					序　号				
型　号	9000　/ 34.2				联 结 组				
样品检验流程卡					样品检验标识				
电抗测量/mH						现场情况			
试验前	分接	BY			电抗/mH	中变	分接		
试验前	1				39.898	并　并	电压	40 kV	
试验前	1	39.585			39.898	避雷器	电压	35 kV	
试验前	1				39.898	避雷器	次数		
H-M						相别	电抗器（Ω）	接地棒	电抗测量线
试验过程中	分接	BY			试验次数				
试验过程中	1	35% 39.625 0.10%			调试	B0	7.0	✓	✓
试验过程中	1	50% 39600 <0.1%			1	B0	3.5	✓	✓
试验过程中	1	55% 39.57 <0.1%			1	B0	3.5	✓	✓
试验过程中	1	60% 39.565 <0.1%			1	B0	3.5	✓	✓
试验过程中	1	65% 39.570 <0.1%			2	B0	3.0	✓	✓
试验过程中	1	70% 39.570 <0.1%			2	B0	3.0	✓	✓
试验过程中	1	75% 39.605 <0.1%			2	B0	3.0	✓	✓
试验过程中	1	80% 42.430 7.24%			3	B0	1.0	✓	✓
试验过程中	1				3	B0	1.0		
试验过程中	1				3	B0	1.0		
					继电保护整定				
试验后	分接	BY			过流速断	0.83			
试验后	1				一次开关延时速断时间	029			
试验后	1				二次开关延时速断时间	125			
外观及吊心情况：					备注：0				
试验：	记录：	校核：			年　月　日				

图 4.52　变压器短路承受能力试验现场记录

4.4 变压器短路时动态过程试验研究

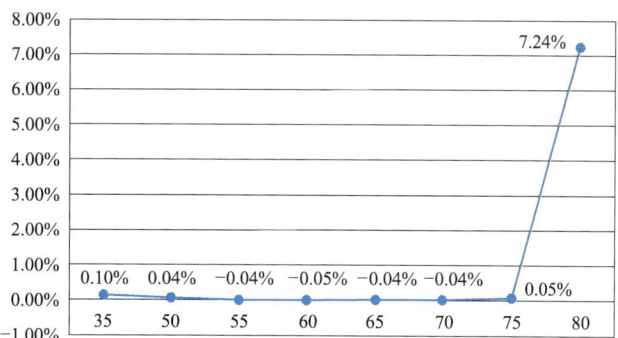

图 4.53 高-中试验短路电流对应阻抗变压器情况

变压器短路承受能力试验现场记录

委托单位				序　号			
型　号		9000 / 34.2		联结组			
样品检验流程卡				样品检验标识			
		电抗测量/mH				现场情况	
试验前	分接	BmYm		电抗/mH	中变 并 并 避雷器	分接 电压 电压 次数		
	1			3.758			24 kV
	1	4.1235		3.758			20 kV
	1			3.758			
					相别	电抗器 (Ω)	接地棒	电抗测量线
试验过程中	分接	BmYm		试验次数				
	1	14% 14%	3.7925	1.01%	调试	B0	27.5	✓	✓
	1	22%	3.8515	2.05%	1	B0	14.0	✓	✓
	1	22%	3.8485	2.50%				✓	✓
	1	22%	3.8840	2.68%				✓	✓
	1	22%	3.8590	2.78%	2	B0	9.0	✓	✓
	1	29%	3.9335	4.77%					
	1				3	B0	0.5		
					继电保护整定			
试验后	分接	BmYm			过流速断　　　1.83			
	1				一次开关延时速断时间　029			
					二次开关延时速断时间　125			
外观及吊心情况：　3.7545				备注：M-L　　0			
试验：		记录：		校核：		年　月　日	

图 4.54 变压器短路承受能力试验现场记录

第 4 章　变压器抗短路能力校核研究热点

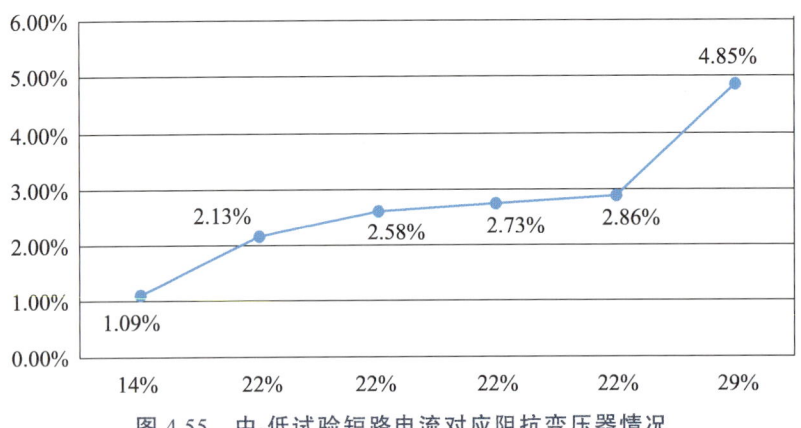

图 4.55　中-低试验短路电流对应阻抗变压器情况

阻抗超差后，对该变压器进行解体检查，发现该变压器中压绕组整体发生了明显的变形，如图 4.56 所示。

图 4.56　变压器绕组辐向变形严重

本台变压器试验结果为当变压器遭受多次短路冲击时，在电流未达到失稳电流前，阻抗变化很小，一旦短路电流达到变压器可耐受的极限电流，变压器产生了辐向失稳变形。从现场实验的情况来看，当变压器绕组发生变形后，在很小的电流下变压器的阻抗产生了较大的变化，表明其抗短路能力快速下降。

4.5 重合闸对变压器抗短路能力影响研究

重合闸是指当架空线路故障清除后，在短时间内闭合断路器。由于实际上大多数架空线路故障为瞬时或暂时性的，占总故障次数的 80%~90%，这些瞬时性故障多数由雷电引起的绝缘子表面闪络、线路对树枝放电、大风引起的碰线、鸟害和树枝等物掉落在导线上以及绝缘子表面污染等原因引起，这些故障被继电保护动作断开断路器后，故障点去游离，电弧熄灭，绝缘强度恢复，故障自行消除，如把输电线路的断路器合上，就能恢复供电，因此重合闸是运行中常采用的自恢复供电方法之一。当然，线路也有少数由线路倒杆、短线、绝缘子击穿或损坏等原因引起的永久性故障，在线路被断开之后，这些故障仍然存在，如此时线路重合闸动作，由于故障仍然存在，线路还要被继电保护动作断路器再次断开。重合闸的好处是提高线路供电的可靠性和并列运行的可靠性，其缺点是若重合于永久故障，会使电力系统再次遭受一次短路冲击，对电力系统设备造成冲击。

变压器短路时，绕组中通过的短路电流要比额定电流大许多倍，由于负载损耗与电流的平方成正比，因此绕组中的损耗增大，绕组的温升也比正常运行时升高。通常情况下，对变压器绕组的短路强度进行校核时，导线的各参数值均为 40 ℃下的测量值，实际上变压器在稳定运行时其绕组平均温度能够达到 80 ℃以上，在重合闸工况下，绕组的温度会更高，导线的屈服强度会随着温度的变化而发生变化，因此短时间内变压器遭受两次短路冲击损坏的概率更高；同时重合于永久故障时，变压器绕组在第一次短路冲击下的振动由于惯性作用还未停止，再次接受第二次短路电磁力的冲击，该冲击有可能使绕组的振动位移加大，进而致使变压器损坏。

4.6 累积效应对变压器抗短路能力的影响

电力系统运行中会受到雷击、大风等环境影响及设备自身原因等问题，会发生各种短路故障，这些故障产生的电流将会对运行的变压器产生冲击。在实际运行中人们发现，短路冲击引起的电力变压器损坏往往不是一两次短路造成的，而是多次短路冲击累积的结果。变压器经过单次短路冲击，绕组可能发生轻微变形，但仍可运行，这为变压器发生短路故障埋下隐患，经过多次短路冲击后，绕组轻微变形累积为严重变形，甚至损坏。

第 4 章　变压器抗短路能力校核研究热点

变压器多次遭受短路冲击,一方面会导致线圈产生辐向塑性变形,变形后会导致变压器再次短路冲击时线圈内的漏磁场分布和短路力分布产生变化,进一步影响变压器的抗短路能力;同时线圈轴向变形,一方面会导致垫块产生永久变形,也会导致压钉松动,从而导致轴向预紧力损失,导致再次受到短路力冲击时,变压器轴向力分布及动态过程产生变化,进一步影响变压器的抗短路能力。

近年来,国内外针对变压器多次短路工况下的累积效应开展了大量研究,现有公开资料多偏重经验算法和定性方面的分析,同时相关科研机构结合变压器短路试验开展了相关试验研究,但是对多次短路冲击绕组承载变形机理及形变后的结构力学和材料性能变化特性还缺乏足够的认识,无法定量分析累积效应对变压器抗短路能力的影响。

4.7　热效应对变压器抗短路能力的影响

变压器运行中其绕组是热态的电阻,特别是变压器短路冲击后短路电流会流过绕组,此时会产生热量,绕组的温升会升高。毛晓燕等人研究的论文《变压器短路热效应与动稳定的综合分析》中对导线的机械性能随温度变化情况开展了研究,研究选择了设计屈服强度为 160 MPa,并选择 4 种不同线规、每组 20 根导线样品,分别在室温(22 ℃ 左右)、90 ℃、105 ℃、120 ℃下开展了导线的屈服强度测试,测试结果如图 4.57 所示。

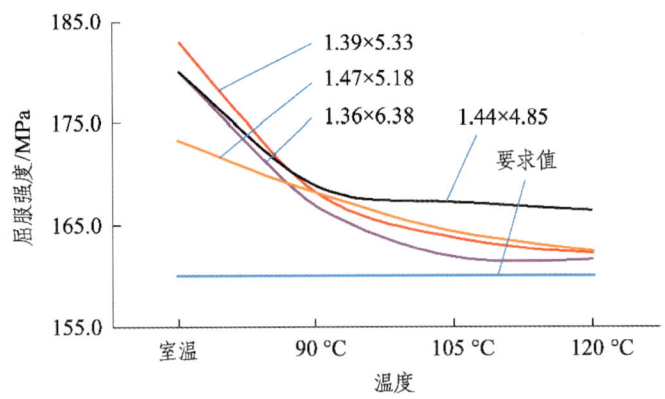

图 4.57　导线屈服强度承受温度的变化曲线

4.7 热效应对变压器抗短路能力的影响

测试结果表明,在试验温度下,导线的屈服强度随着温度的升高而降低,不同线规的导线下降的速率存在一定的差异。

研究同时对自黏换位导线开展了抗弯试验,对自黏前后的载荷力和变形量进行对比研究,取自黏前后载荷力与弯曲变形的比值进行比较,分析换位导线自黏后的提升能力。定义自黏抗弯系数:

$$k_n = (\Delta F_N / \Delta L_N)/(\Delta F_U / \Delta L_U)$$

式中 k_n——抗弯自黏系数;

ΔF_N、ΔF_U——自黏后、自黏前的载荷力变化值(N);

ΔL_N、ΔL_U——自黏后、自黏前的弯曲变形变化量(mm)。

抗弯自黏系数随温度的变化曲线如图 4.58 所示。

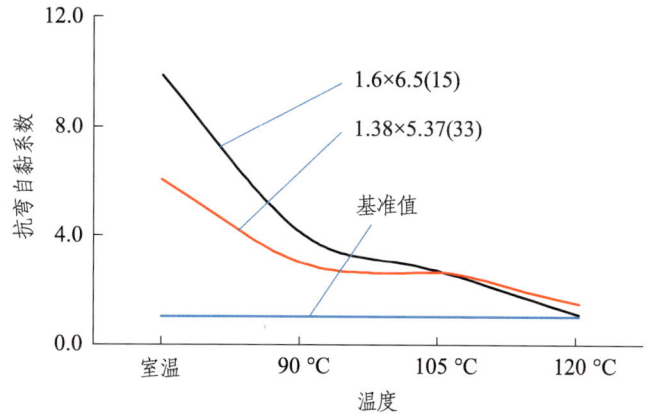

图 4.58 抗弯自黏系数随温度的变化曲线

测试表明,抗弯系数随着温度的升高而下降,而且随着温度的上升,两种线规的导线当温度上升到 120 ℃ 时其抗弯系数逐渐接近于 1,表明自黏换位导线随着温度的不断上升其自黏效果受到了较大的影响。

目前,变压器抗短路能力校核主要以导线的屈服强度作为判据,但是并未考虑热效应的影响,而实际的变压器运行中线圈存在热运行的工况,同时在短路冲击、重合闸等工况下,线圈的温度会较运行温度有提升,导线的屈服强度将发生变化,因此变压器的抗短路能力分析需要考虑导线热效应的影响。

第 5 章　变压器抗短路能力影响因素

5.1　运行因素

5.1.1　系统容量变化的影响

截至 2023 年年底，全国电网 220 kV 及以上变电设备容量共 54.02 亿千伏安，同比增长 5.3%，如图 5.1 所示；220 kV 及以上输电线路回路长度共 92.05 万千米，同比增长 4.3%。"十四五"以来，220 kV 及以上变电设备容量增速维持在 5% 左右，220 kV 及以上输电线路回路长度增速维持在 4% 上下。

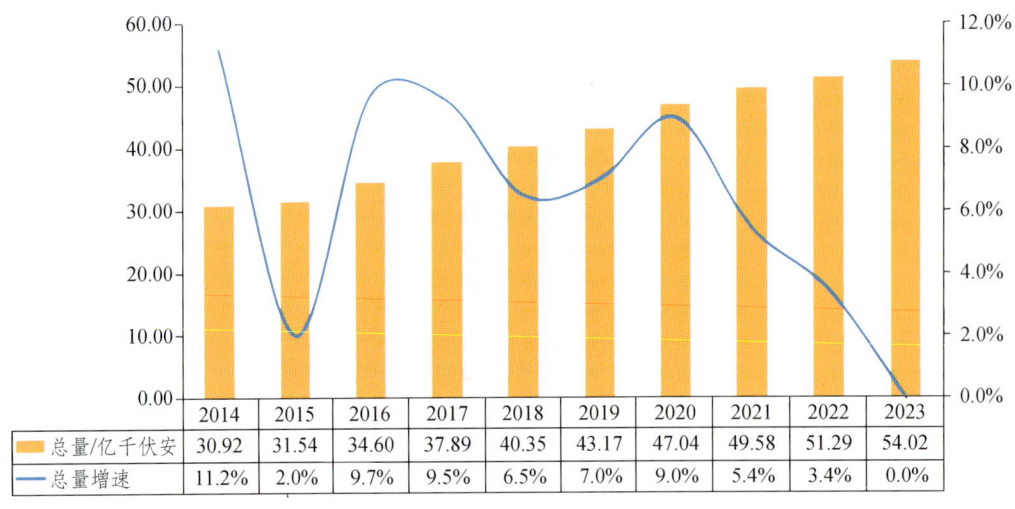

图 5.1　2014—2023 年全国 220 kV 及以上变电设备容量情况

随着电力系统容量的增加，电网间的互联逐步增强，系统的短路阻抗逐步减小，根据第 2 章提到的变压器短路电流计算方法，系统阻抗减小将导致变压器运行时的短路电流增加，短路电流增加会导致变压器短路时受到的电动力按平方的方式增加，对变压器的危害极大。

5.1.2　中性点接地的影响

变压器中性点接地可以保证人身、设备的安全，但并不是接地点越多就越好。接地点越多，零序阻抗就越小，此时发生单相接地时的短路电流也就越大。电力系统中，如果变电站只有一台变压器，一般其中性点直接接地运行；如果变电站内有两台变压器，则只需将其中一台变压器接地，如果该变压器需要停运，则将另一台变压器中性点改为接地运行。

变压器在电网中运行时，会遭受不同的非对称短路故障，零序电流的大小与系统的零序电抗有关，零序阻抗与中性点接地的变压器容量、数量和位置有关。具体来说，当增加或减少变压器中性点接地的台数时，系统零序电抗网络会发生变化，进而改变零序电流的分布，而中性点接地数目越多，零序电流越大，主要原因是当变压器中性点接地数目增加时，系统对地的不平衡状态得到改善，为零序电流提供了通路，从而使得零序电流能够更加顺畅地流通，零序电流更大。

5.2　设计因素

5.2.1　绕组磁中心的影响

在绕组高度方向上，辐向漏磁通将有一个由大到小降低到零后又反向增大的变化过程，一般情况下，称辐向磁通密度为零的位置为磁场中心。磁场中心的具体位置如图 5.2 所示。

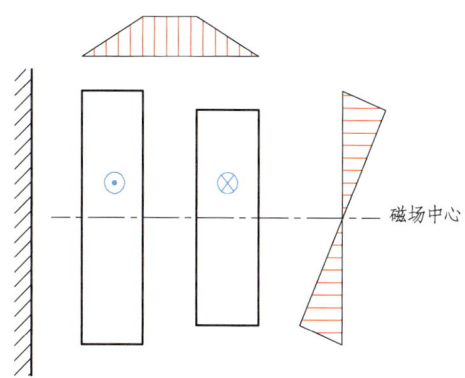

图 5.2　变压器漏磁分布示意

第 5 章　变压器抗短路能力影响因素

在变压器产品设计时，一般情况下，都保证各个绕组的磁场中心在同一高度上，但是由于设计时考虑其他因素或者产品生产制造时的偏差，或者绕组干燥过程中的绕组垫块的收缩不均匀的影响，在实际产品中，每个绕组的磁场中心极有可能不在同一水平面上。磁场中心不在同一高度时，将会导致沿绕组轴向的安匝分布不平衡，从而使辐向漏磁通增大，辐向漏磁通的增大将引起轴向电动力的增大，如图 5.3 所示。

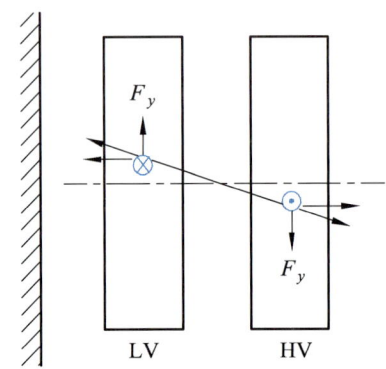

图 5.3　磁场中心不在同一水平面上引起的轴向短路力示意

5.2.2　绕组安匝分布的影响

变压器绕组安匝平衡的好坏，决定了变压器辐向漏磁通的大小，而辐向漏磁通的大小又直接影响了变压器绕组轴向力的大小，在变压器发生短路的情况下，将引起极大的轴向力，同时还能引起较大的横向涡流损耗，甚至造成局部过热现象。一般在排列绕组的线匝时，应尽可能使两个绕组对应位置的安匝趋于平衡。早期采用手算的方法，即凭经验人为将绕组按照高度方向分成几个安匝区，根据各区安匝大小计算出短路状态下的应力和电动力，而且只考虑短路电流峰值，属于静态计算。实际上，因为变压器发生短路时，线段在电动力作用下发生位移，从而改变漏磁场的分布，而磁场分布的改变，反过来又影响了电动力的分布。只有考虑短路时的动态过程，计算结果才能较准确地反映绕组的实际受力和变形，才能使用正确的设计对策和有效的工艺措施，确保变压器绕组在短路时安全运行而不致损坏。

5.2.3 短路阻抗的影响

短路电流与短路阻抗成反比，而短路力与短路电流的平方成正比，所以短路力与短路阻抗倒数的平方成正比。由此可知，通过提高短路阻抗来降低短路电流从而降低短路力的效果非常明显。这也是许多客户越来越倾向于采用高阻抗变压器作为首选方案的原因。因为低压绕组抗短路能力是决定整台变压器抗短路能力的关键因素，所以提高中低和高低阻抗是解决问题的关键。由于目前各地的电网条件不同，所以对阻抗的要求也有所差别。目前了解到，中-低阻抗的要求值多在 20%～40%，高-中阻抗多为 13%～17%，许多客户一般选择标准值，即 13%～14%，高-低阻抗一般在 35%～55%。对于三绕组变压器而言，3 个阻抗中的 2 个确定后，第 3 个就随之确定了。高阻抗变压器的最大特点是中-低阻抗较标准值有很大的提高，一般为标准值的 2.0～5.0 倍，这样低压绕组遭受的短路力将降为标准阻抗时的 0.04～0.25 倍。可见，通过采用提高变压器自身短路阻抗方法来降低短路力的效果是相当显著的。

提高阻抗的方法一般为：① 增大绕组间的主漏磁通道；② 增加绕组的辐向尺寸；② 降低绕组的电抗高度；④ 内部串联电抗器等。其中，最直接最有效的方法是增大绕组间的主漏磁通道。在铁心直径和电抗高度已确定的前提下，一味地增大中低绕组间的主漏磁通道来提高-中低阻抗将会带来一些缺陷：① 靠中-低绕组间主漏磁通道的增大，中低阻抗只能得到有限的增加，不能全面满足阻抗要求；② 中-低绕组间主漏磁通道的过度增大，需要相当的绝缘材料来填充，增加了制造成本。

为了解决上述两个问题，目前国内有些制造厂家采用分裂绕组的方案，部分厂家将中压绕组的部分匝数剥离到高压绕组外径侧，同时将高压调压绕组置于中-低绕组之间的设计方法，该调压绕组将会受到很大的短路力，而通常该绕组辐向较单薄，其耐受短路力的能力较差，同时由于较高磁场的存在，该绕组中的涡流损耗相对较高，容易出现局部过热现象。另外，由于调压引线需经过高、中压绕组的上下端引出，这就给绝缘布置带来了很多麻烦，设计和制造均很复杂。同时也有一些厂家采取将高压绕组分裂，将高压绕组的一部分置于中-低压绕组之间的方法，这会使绝缘布置变得较复杂，中压和高压绕组之间的电气强度较高。实践证明，这两种方法都是切实可行的。但由于这两种方法均采用分裂绕组方式，会使温升试验时很难分别测出分裂绕组内外部分各自的温升，一旦一部分温升偏高，会影响变压器的使用寿命。

采用在变压器油箱内部设置电抗器（即内置电抗器）的结构也可以达到提高变压

器短路阻抗的目的。国内电力系统常常将电抗器串联于电网中，以限制系统的故障电流，但存在的弊端是不能限制变压器出口的短路故障电流。如果将电抗器置于变压器内部，则可有效抵御出口短路电流的冲击，使变压器的可靠性增强。该结构的高阻抗变压器设计简单，只需在标准变压器的基础上内部增加串联电抗器，该结构易于生产制造，将一台标准变压器与一台空心电抗器共同组装于油箱内，远比分裂绕组结构要简单得多。内置电抗器技术已在电网挂网运行，具有可靠性高、运行经济和维护简单等优点。

5.3 制造因素

5.3.1 绕组材料的影响

当变压器突发短路时，要求绕组的导线在各种不同的电动力的作用下，其变形不超过一定的限度。为了限制绕组几何尺寸的变化，采用 $\sigma_{0.2}$ 作为导线的抗拉许用应力。$\sigma_{0.2}$ 值在 60~100 MPa 的导线称为软铜，$\sigma_{0.2}$ 值在 100~150 MPa 的导线称为半硬铜，对于冷拉硬铜线，其 $\sigma_{0.2}$ 值常在 150 MPa 以上，有的甚至可达到 250 MPa。因此，采用半硬铜或硬铜线可以提高绕组的机械强度，增强绕组的稳定性。

早期的变压器绕组所选用的导线一般为扁导线，随着近年来系统容量增加和技术发展，设计上往往需要采用多根扁导线并联绕制而成的组合导线或者自黏性组合导线，当变压器绕组流过的电流更大时，或者要求绕组的损耗更低时，设计上会考虑采用换位导线。换位导线一般分为普通换位导线和自黏性换位导线两种，这种导线结构上较为紧密，整体绝缘包扎，通过干燥加热后，漆包线间的自黏涂层相互黏结在一起形成一个整体，提高了整根换位导线及绕组的机械强度，进而提升了绕组的抗短路能力。不同的导线材质、不同的导线尺寸、不同的导线截面面积，对变压器的抗短路能力的影响不同，经过研究，半硬铜线绕组可比软铜线绕组在辐向强度方面提高 1.5 倍以上，自黏性换位导线绕组可比普通换位导线绕组在辐向强度方面提高 3 倍左右。

5.3.2 绕制工艺影响

绕组绕制过程中，在不影响电导率和不损害绝缘的条件下，导线要尽量拉紧，以提

5.3 制造因素

高绕组绕制的紧实程度，使绕组在突发短路的情况下不会损坏。因此，在很早以前企业就采取拉紧措施，其设备的结构很简单，只能使导线平直；后来对绕组的绕制工艺进行了改进，采用卧式绕线机。在20世纪90年代，国内外有的企业在卧式绕线机上加装了普通的拉紧装置。目前采用立式绕线机绕制变压器绕组，立式绕线机有自动气压拉紧装置，可以保证绕紧绕组。用立式绕线机绕制的产品，有效克服了卧式绕线机人工拉不紧的弊端，大大提高了绕组的紧实度，增强了绕组本身的机械强度。

变压器的内绕组在辐向力的作用下产生向内收缩的辐向力，它要通过绝缘撑条作用于铁心柱上。变压器制造中要严格控制铁心柱的圆度公差，圆度公差越小，越容易向内绕组提供可靠的支点。变压器的器身结构是电动力传递的中介，要保证电动力作用时各个方向均有牢固的支撑和减小相关部件受力时的压强，在设计时采用整体套装结构。绕组内径侧的硬纸筒与铁心之间用撑板和撑条撑紧，以保证内绕组上承受的压应力均匀传递到铁心柱上。支撑点越多，对绕组的抗短路能力的提高就越好，但在绝缘装配时，不可能使每一根圆撑条都处于很理想的支撑状态。提升绕组内径侧的硬纸筒的强度，与提高绕组稳定临界值有着密切的关系。

第 6 章　变压器短路试验

6.1　试验原理及要求

我国变压器抗短路能力国家变压器质量监督检验中心强电流试验站，于 1987 年开始筹建，至 1993 年年底全面完成了 220 kV 电网部分的接入并投入使用。截至目前，我国已经建成了多家变压器短路试验站，短路试验检测能力从 10 kV 的配电变压器覆盖到 500 kV 的主变压器，厂家和电网企业通过短路试验来验证变压器的抗短路能力，并对短路试验后变压器的异常情况进行分析总结，不断提升优化变压器设计制造方案，提高其抗短路能力。

我国目前变压器的短路试验通常采用预先短路法，即试验前先将变压器二次绕组短路，然后在一次绕组施加试验电压。根据 GB/T 1094.5—2008 中的要求，对于 I 类变压器（25～2 500 kV·A），如果电流峰值及对称电流的波形满足要求，应采用三相电源。当电流波形不满足要求时，可采用单相法、三角形联结的绕组，单相电源应施加在三角形的两个角上，施加电压应等于三相试验时的相间试验电压；对于星形联结的绕组，单相电源应施加在一个线端与其余两个连在一起的线端上，施加电压应等于三相试验时相间试验电压的 $\sqrt{3}/2$ 倍。

对于 II 类（2 501～100 000 kV·A）和 III 类变压器（100 000 kV·A 以上），由于试验容量的问题，一般采用单相电源试验，施加电压的方式与 I 类变压器相同。对于星形联结且中性点引出的变压器，单相电源可以施加在一个线端与中性点上，或者另一相加压，另外两相短接。试验时为了使对称短路电流和非对称短路电流第一峰值都达到标准要求，应采用选相合闸开关，且合闸的分散性控制严格，一般不大于 0.5 ms（±9 电角度），试验电压的大小通过试验变压器的分接挡位来进行调整。下面以 Yd11 联结组变压器为例给出短路试验线路图（三相电源短路试验原理线路见图 6.1，单相电源短路试验原理线路见图 6.2）。

6.1 试验原理及要求

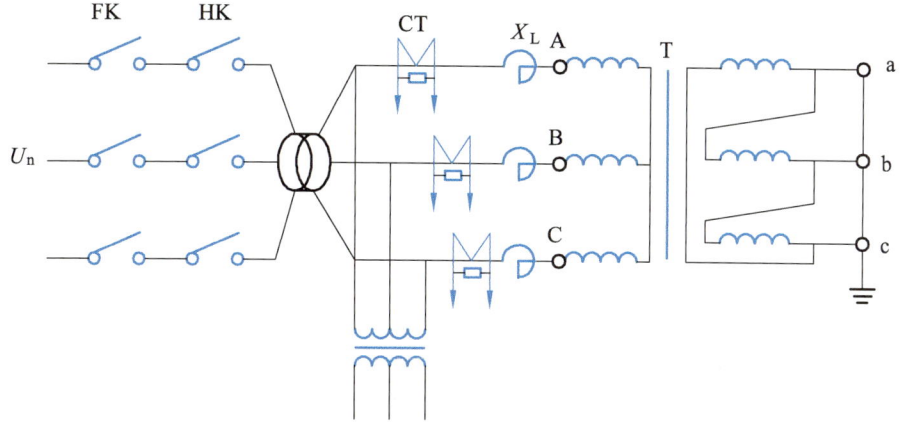

图 6.1 三相电源短路试验原理线路

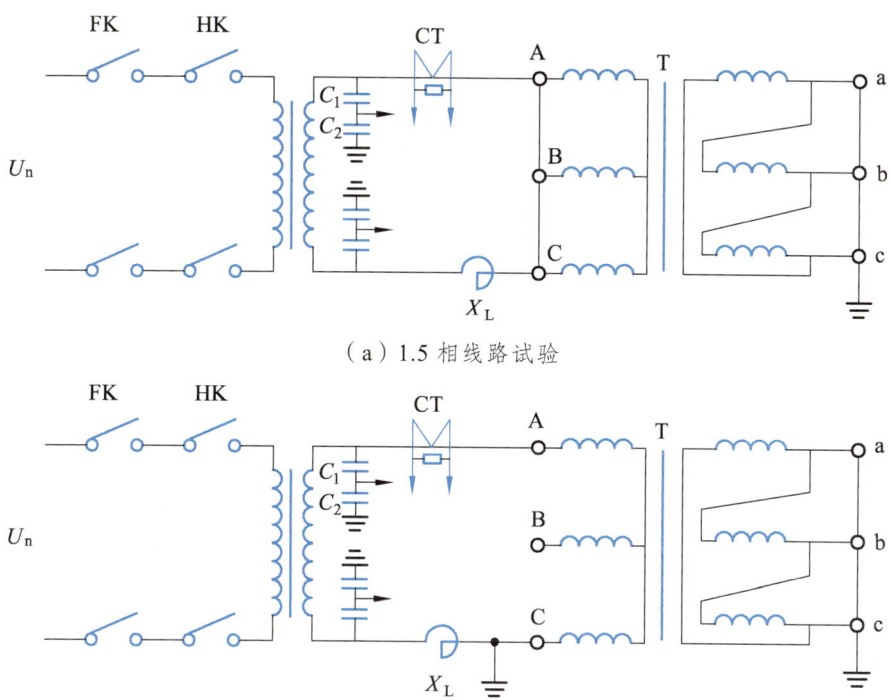

（a）1.5 相线路试验

（b）单线路线试验

图 6.2 单相电源短路试验原理线路

图中，U_n 为试验电源；FK 为保护开关；HK 为选相合闸开关；X_L 为调节电抗器；T 为被试变压器；PT 为测量电压互感器；CT 为测量电流互感器；C_1、C_2 为电容分压器。

第 6 章　变压器短路试验

根据 GB/T 1094.5—2008 的要求,变压器短路试验前,先进行吊心检查、划定位线、拍照和电抗测量,然后进行短路电流调试,调试时应在小于 70% 计算电流下进行。首先调试对称短路电流,即调节串联电抗器电抗值,然后调试非对称短路电流,即调节选相合闸开关的合闸相角,当两个电流值均满足要求时,再进行正式试验。

正式试验时,应按标准和试验方案要求,正确选择和调整每相试验时的分接开关位置,通常情况下,三相变压器的短路试验在 A 相、B 相、C 相各进行三次。其中,A 相短路试验时,有载分接开关置于最大分接,B 相短路试验时,有载分接开关置于额定分接,C 相短路试验时,有载分接开关置于最小分接。每次短路试验后均要测量电抗值,并与试验前测量的电抗值进行比较,当确认电抗变化不超过标准规定时方可进行下一次试验,若超标,需与用户协商后才能决定是否进行下一次试验,两次试验之间应有一定的时间间隔。

判定变压器短路试验是否合格有三条原则:

(1) 重复例行试验应全部合格;

(2) 短路试验期间的测量和吊心检查应没有发现缺陷(如绕组、连接线和支撑件结构等无明显位移、变形或放电痕迹);

(3) 短路试验前后测量的电抗差应满足标准要求。

6.2　试验与实际短路工况的差别

根据现有的试验情况来看,除了 Ⅰ 类变压器采用三相短路试验的方式外,Ⅱ、Ⅲ 类变压器主要采用单相短路试验的方法。目前电力系统主网中运行的 Ⅱ、Ⅲ 类变压器多数情况下三相短路时的短路电流较大,对变压器的危害也较大,变压器短路试验一般从短路试验容量和短路电流的角度来考虑,试验一般采用单相试验的方法,短路电流满足 GB/T 1094.5—2008 中的要求,但是单相短路试验方法与电网实际运行中出现的三相短路工况存在差异。根据 4.1 节中分析的情况,从变压器相间磁路联系来看,三相漏磁场之间存在耦合关系,单相试验短路电流虽然能达到 GB/T 1094.5—2008 中要求的电流,但是实际运行发生三相短路时,即使单相试验电流与三相短路电流大小一致,如果忽略了漏磁场相间耦合影响后,单相短路试验与三相短路工况下绕组受到的电动力将不一致。

根据 4.1 节中的仿真结果表明，相间耦合影响将导致短路时辐向和轴向受力发生变化，图 6.3 所示为变压器相间磁场对漏磁场的影响。由图可知，变压器绕组间存在相间漏磁场和不存在相间漏磁场的磁力线走势明显不同，而且磁势大小明显不同，充分说明了相间漏磁场会对变压器绕组的最大受力产生影响，因此现有的大型变压器单相短路试验方法不能完全模拟变压器运行时三相短路的运行工况。

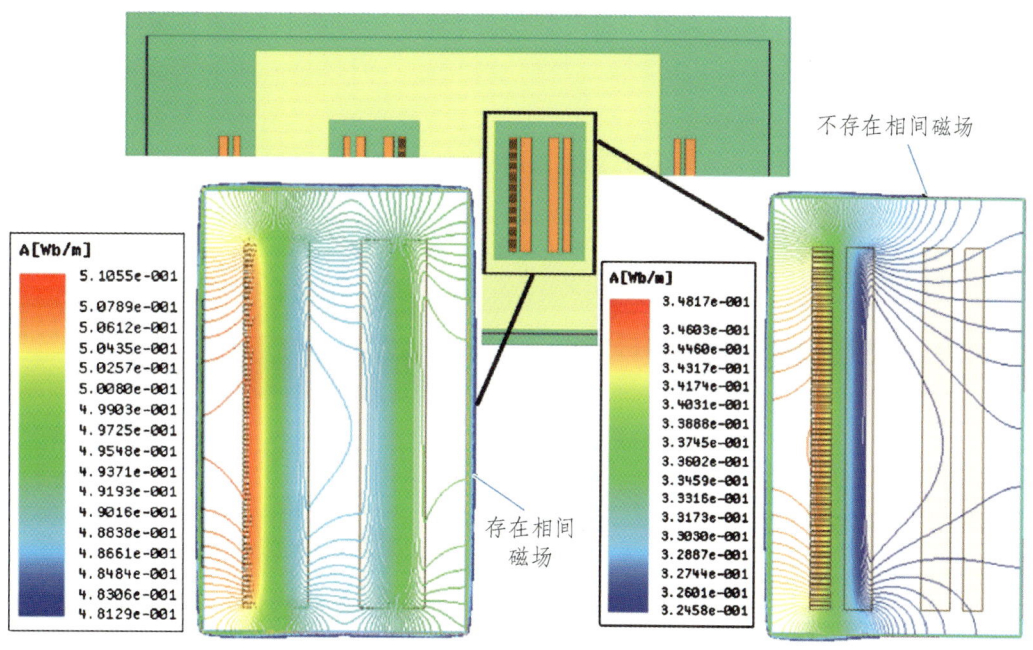

图 6.3 变压器相间磁场对漏磁场的影响

6.3 试验未考虑重合闸工况

根据 GB/T 1094.5—2008 的要求，对于 II、III 类变压器一般开展 9 次短路试验，由 6.1 节可知，每次短路试验后均要测量电抗值，并与试验前测量的电抗值进行比较，当确认电抗变化不超过标准规定时，方可进行下一次试验。因此两次试验之间都有一定的时间间隔，现场试验时两次试验的时间间隔一般在 10~15 min，而实际电网中运行的变压器，线路一般配置了重合闸，如果线路发生永久性故障，变压器将在短时间内遭受连续两次的短路冲击，根据 4.5 节的分析，在该工况下变压器更容易损坏，因此目前的试验情况暂时无法模拟变压器运行中短时连续多次遭受短路冲击的工况。

第 7 章 变压器绕组变形诊断

变压器遭受短路冲击时，绕组受到短路电动力的作用，会发生相应的变形，主要的特征包括辐向位移、轴向位移和线圈扭曲变形等情况，严重时甚至会导致线圈断股、匝间短路、引线位移和静电板引线断开等情况。因此，变压器遭受短路冲击时，准确诊断线圈绕组是否存在变形的情况对支撑变压器安全稳定运行具有重要意义。由于绕组的"黑箱"特性，绕组变形的诊断一直是行业内的难题，为此国内外研究人员对绕组变形的诊断开展了大量的研究工作，目前现有的绕组变形诊断方法主要包括低压脉冲法、振动法、频响法、短路阻抗法、绕组对地电容法等。

7.1 低压脉冲法

低压脉冲法由波兰学者提出，现已被列入 IEC 及许多国家电力变压器短路试验导则和测试标准中。其原理如下：当频率超过 1 kHz 时，变压器的铁心基本上不起作用，绕组本身可视为一个由电阻、电感及电容等分布参数构成的无源线性双端口网络，绕组发生变形后，必然会引起网络分布参数的变化，从而使绕组对低压脉冲的响应发生变化。这样就可以通过比较绕组对低压脉冲的响应波形来判断绕组是否发生了变形。

传统的低压脉冲法采用模拟示波器记录绕组的低压脉冲响应，并从时域响应波形的变化来判断变压器绕组有无变形。随着计算机技术及数字存储技术的发展，将时域信号以数字形式记录并传输给计算机做各种分析处理越来越显示出其优越性。随着计算机技术的发展，时域响应信号以数字形式记录，并用计算机进行各种分析处理。低压脉冲法测试原理如图 7.1 所示。

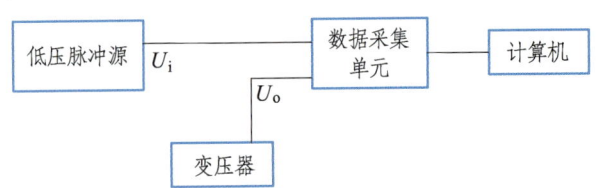

图 7.1 低压脉冲法测试原理

低压脉冲法的主要用途是确定变压器是否通过短路试验，但在现场试验中，该方法测试过程中现场会受到各种电磁干扰的影响，可重复性较差，且对绕组首端位置的故障响应不灵敏，较难判断绕组的变形位置。

7.2 振动法

振动法是通过贴在变压器器身上（油箱）的振动传感器，在线监测绕组及铁心的状况，良好状态变压器的振动特征向量包括绕组和铁心振动信号的频谱、功率谱、能量谱等，一旦变压器绕组发生故障，振动特征向量就会发生变化，进而反映出绕组的问题。

这种方法最早是在电抗器上使用，对于在电力变压器上使用振动测试，加拿大、俄罗斯及美国等已进行了多方面的研究。这种方法的优点是测试系统与整个电力系统没有电气连接，可安全、可靠地实现在线监测。其缺点在于，电力变压器在运行过程中随时可能发生短路故障，如果在突然短路的变压器内部绕组发生故障，将导致带电绕组与油箱接触，油箱可能带有很高电压，同时暂态感应也会在变压器器身上产生高电位，对测试仪器和人身安全都有影响，另外绕组和铁心振动信号的分离及绕组变形诊断的判据都需要开展更加深入的研究，目前现场有效诊断绕组变形等隐患还需要积累测试数据。

7.3 频响法

《电力变压器绕组变形的频率响应分析法》（DL/T 911）中指出，当频率较高时，变压器可以不考虑铁心的影响，变压器的每个绕组均可视为一个由线性电阻、电感（互感）、电容等分布参数构成的无源线性双口网络，其内部特性可通过传递函数 $H(j\omega)$ 描述，若绕组发生变形，绕组内部的分布电感、电容等参数必然改变，导致其等效网络传递函数 $H(j\omega)$ 的零点和极点发生变化，使网络的频率响应特性发生变化。

用频率响应分析法检测变压器绕组变形，是通过检测变压器各个绕组的幅频响应特性，并对检测结果进行纵向、横向或综合比较，根据幅频响应特性的差异，判断变压器可能发生的绕组变形。

第7章　变压器绕组变形诊断

变压器绕组的幅频响应特性试验原理如图 7.2 所示,连续改变外施正弦波激励源 U_s 的频率 f(角频率 $\omega = 2\pi f$),测量在不同频率下的响应端电压 U_2 和激励端电压 U_1 的信号幅值之比,获得指定激励端和响应端情况下绕组的幅频响应曲线。

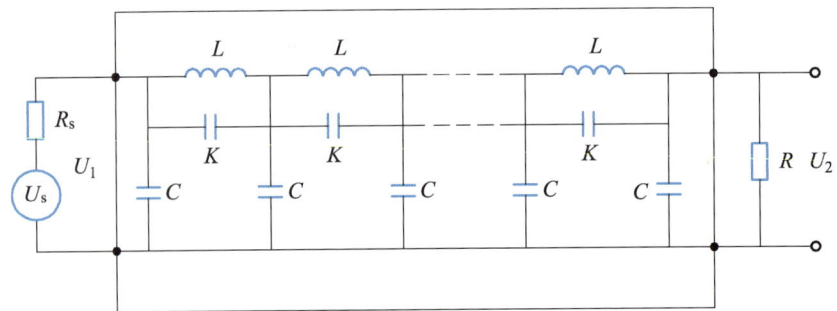

图 7.2　变压器绕组的幅频响应特性试验原理

图中,L、K、C 为绕组单位长度的分布电感、分布电容及对地分布电容;U_1、U_2 为等效网络的激励端电压和响应端电压;U_s 为正弦波激励信号源电压;R_s 为信号源输出阻抗;R 为匹配电阻。

用频率响应分析法判断变压器绕组变形,主要对同一变压器的三相绕组频响数据曲线进行纵向、横向以及综合比较,通过相关系数判断变压器绕组幅频特性的变化。

纵向比较法:对同一台变压器、同一绕组、同一分接开关位置、不同时期的幅频响应特性进行比较,根据幅频响应特性的变化判断变压器的绕组变形。该方法具有较高的检测灵敏度和判断准确性,但需要预先获得变压器原始的幅频响应特性,并应排除因检测条件及检测方式变化所造成的影响。

横向比较法:对变压器同一电压等级的三相绕组幅频响应特性进行比较,必要时可借鉴同一制造厂在同一时期制造的同型号变压器的幅频响应特性,来判断变压器绕组是否变形。该方法不需要变压器原始的幅频响应特性,现场应用较为方便,但应排除变压器的三相绕组发生相似程度的变形或者正常变压器三相绕组的幅频响应特性本身存在差异的可能性。

幅频响应特性曲线低频段(1~100 kHz)的波峰或波谷位置发生明显变化,通常预示着绕组的电感改变,可能存在层间或饼间短路的情况。频率较低时,绕组的对地电容及饼间电容所形成的容抗较大,而感抗较小,如果绕组的电感发生变化,会导致其频响特性曲线低频部分的波峰或波谷位置发生明显移动。幅频响应特性曲线中频段(100~600 kHz)的波峰或波谷位置发生明显变化,通常预示着绕组发生扭曲和鼓包等局部变形现象。在该频率范围内的幅频响应特性曲线具有较多的波峰和波谷,能够灵敏地反映出绕组分布电感、电容的变化。幅频响应特性曲线高频段(> 600 kHz)的波峰或波谷位置发生明显变化,通常预示着绕组的对地电容改变,可能存在绕圈整体移位或引线位移等情况。频率较高时,绕组的感抗较大,容抗较小,由于绕组的饼间电容远大于对地电容,波峰和波谷分布位置主要以对地电容的影响为主。但由于该频段易受测试引线的影响,且该类变形现象通常在中频段也会有较明显的反应,故一般可不把高频段测试数据作为绕组变形分析的主要信息。

频响法绕组变形现场应用较多,但是现场测试时受接地位置、分接开关、铁心剩磁、电磁干扰、设备结构差异等方面的影响较多,现场测试时按照波形进行判断容易出现误判。

7.4　短路阻抗法

短路阻抗法是通过测量工频电压下,变压器绕组的短路阻抗或漏抗来诊断绕组的变形,如图 7.3 所示。短路阻抗是指负荷阻抗为零时变压器输入端的等效阻抗,主要与变压器漏磁场关系密切,是绕组和绕组之间、绕组内部、绕组与油箱之间的漏磁通形成的感应磁势的反映。

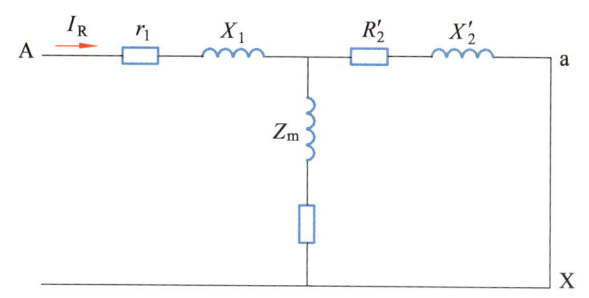

X_1——一次侧漏电抗; X_2'——二次侧漏电抗; Z_m——为励磁阻抗。

图 7.3　变压器短路阻抗试验原理

短路阻抗包括线圈漏抗和电阻分量,110 kV 及以上的大型变压器电阻分量在短路阻抗中所占的比例非常小,因此短路阻抗值主要反映漏抗值,短路阻抗可以反映漏抗的变化,并且测量阻抗比测量漏抗更容易实现。变压器的漏抗值由绕组的几何尺寸决定,变压器绕组结构的改变必然会引起变压器漏电抗的变化,从而引起变压器短路阻抗的改变，因此可用短路阻抗的变化来判断变压器绕组是否变形。

变压器设计制造时，短路阻抗的计算公式如下：

$$U_{kx}\% = \frac{49.6 fIW \sum D\rho K}{e_t H_K \times 10^6}$$

式中，f 为频率，Hz；I 为额定电流；W 为主分接时的总匝数（I 与 W 为同一侧绕组数据）；e_t 为每匝电势；H_K 两个绕组的平均电抗高度；K 为附加电抗系数；ρ 为洛氏系数；$\sum D$ 为绕组空间尺寸。从计算公式来看，变压器短路阻抗与绕组的空间尺寸成正比，与两个绕组的平均电抗高度成反比，因此短路阻抗可以有效反映出变压器绕组的变形情况。

根据大量的试验结果，行业内形成了《电力变压器绕组变形的电抗法检测判断导则》（DL/T 1093—2018），其中对变压器绕组变形诊断的判据如下：

（1）容量 100 MV·A 及以下且电压 220 kV 以下的电力变压器绕组参数的相对变化不应大于±2.0%；其他变压器不应大于±1.6%。

（2）容量 100 MV·A 及以下且电压 220 kV 以下的电力变压器绕组 3 个单相参数的最大相对互差不应大于 2.5%；其他变压器不应大于 2%。

现场测试时，短路阻抗法会受到测试电源的三相不平衡、单相电源试验与出厂试验工况存在差异等因素的影响，导致误判。

7.5　绕组对地电容法

根据绕组连同套管介损试验可得到主变压器各绕组对地的电容量，对比各绕组对地电容量与出厂值的变化量，并根据主变压器各绕组等值电容电路模型分析具体绕组变形的情况，如图 7.4 所示。绕组对之间电容量变化依据下判断绕组变形方向。

$$C = \frac{\varepsilon S}{d} \tag{7.1}$$

式中，ε 为相对介电常数；S 为两极板正对面积；d 为两极板间垂直距离。

当变压器发生辐向变形时，两个绕组间的垂直距离会产生变化，这是绕组对地电容可以诊断绕组变形的原理。

7.6 短路阻抗与对地电容的关联分析

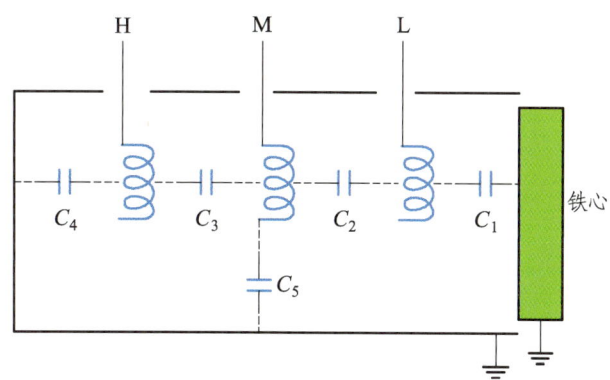

图 7.4 三绕组变压器各绕组等值电容分布模型

目前制造厂内及现场试验时,绕组对地电容试验采用反接线的方式,即测量绕组加压。其他绕组、铁心及外壳,以三绕组变压器各绕组等值电容分布图来看,测量一个绕组对其他绕组对地的电容存在多个电容并联的情况,同时反接线容易受到测试环境杂散电容的影响,难以仅靠单一绕组对地电容准确诊断出变压器绕组变形的隐患,因此目前行业内主要将其作为一个辅助的判断手段。

7.6 短路阻抗与对地电容的关联分析

根据短路阻抗和绕组对地电容的计算公式可以看出,短路阻抗与绕组空间尺寸 $\sum D$ 成正比,绕组对地电容与两极板间垂直距离 d 成正比,对于位于同一芯柱上的绕组来说,绕组间的空间尺寸与两极板间的垂直距离有正相关的关联关系。作者团队根据两者的相关性,假设了单一绕组辐向变形隐患,推导了短路阻抗与绕组对地电容量的变化趋势,探索了融合短路阻抗测量和绕组对地电容的方法诊断绕组变形的方法。

表 7.1 以三绕组变压器为例,推导了不同绕组、不同单一变形情况下短路阻抗及绕组对地电容的变化特征,当短路阻抗与绕组对地电容测试数据的变化趋势与表 7.1 一致时,基本可以确定变压器绕组存在绕组变形隐患,而当两者规律出现不一致时,需要现场开展进一步的复测并排除相关干扰来进一步诊断变压器绕组是否存在变形。

表 7.1 不同绕组短路阻抗及绕组对地电容的变化特征

变形类型		短路阻抗变化趋势	各侧绕组电容量数据变化趋势				综合判断
绕组	变形方向		H-M/L/G	M-H/L/G	L-H/M/G	H/M/L-G	
低压	向内	高-低、中-低三相短路阻抗增加	基本不变	减小	-	增大	低压三相整体向内变形
		高-低、中-低两相短路阻抗增加					低压两相向内变形
		高-低、中-低单相短路阻抗增加					低压单相向内变形
中压	向内	高-中三相短路阻抗增加、中-低三相短路阻抗减小	减小	-	增大	基本不变	中压整体向内变形
		高-中两相短路阻抗增加、中-低两相短路阻抗减小					中压两相向内变形
		高-中单相短路阻抗增加、中-低单相短路阻抗减小					中压单相向内变形
中压	向外	高-中三相短路阻抗减小、中-低三相短路阻抗增大	增大	-	减小	基本不变	中压整体向外变形
		高-中两相短路阻抗减小、中-低两相短路阻抗增大					中压两相向外变形
		高-中单相短路阻抗减小、中-低单相短路阻抗增大					中压单相向外变形
高压	向外	高-中、高-低三相短路阻抗增加	-	减小	基本不变	增大	高压整体向外变形
		高-中、高-低两相短路阻抗增加					高压两相向外变形
		高-中、高-低单相短路阻抗增加					高压单相向外变形

H-M/L/G 表示:"高-中、低及地"；M-H/L/G 表示:"中-高、低及地"；L-H/L/G 表示:"低-高、中及地"；H/M/L-G 表示:"低-高、中及地"；"-"表示绕组对地电容量可能增大也可能减小

注：① 该方法规律适用于线圈由铁心向外按照低-中-高的排列方式，而对于高压内置的高阻抗变压器需要根据线圈的布置方式进一步分析变化规律；② 该表的规律适用于单一电压等级绕组变形的诊断，如果存在两个电压等级的绕组变形的情况，相关规律需进一步开展分析。

从作者团队现场应用经验情况来看，采用两个测试结果及数据的规律彼此验证，大幅提升了绕组变形诊断的准确率，有效减少了误判，解决了行业内绕组变形不敢判的问题。自两种方法融合判断应用以来，有效发现 20 余台 110 kV 及以上主变压器绕组变形隐患，诊断的准确率达到 100%。

从短路阻抗和绕组间电容的对应关系来看，后续为了提高绕组变形联合诊断的准确度，可以在变压器出厂或者交接试验中增加两个绕组对之间的电容量试验，这样与短路阻抗测试的绕组对可以一一对应，此时两种试验方法与绕组的空间尺寸对应性会更好，短路阻抗和绕组间电容的测试结果可作为绕组变形诊断的基础数据，会进一步提升两者关联关系的对应性和判断的准确性。

第 8 章 变压器短路损坏典型案例

变压器受到短路电流冲击后，同时会受到轴向、辐向及其他各种短路力的冲击，最后变压器在其设计及制造中最薄弱的位置首先发生损坏，下面选取了几种典型的变压器短路损坏案例进行分享。

8.1 辐向损坏

8.1.1 整体变形

案例 1：某 220 kV 主变压器辐向整体变形。

1. 故障情况说明

220 kV 某主变压器低压侧开关柜发生近区三相短路故障，#1 主变压器差动保护动作，跳开主变压器三侧断路器。主变压器型号：SFPSZ10-H-180000/220GY；出厂时间：2005 年 3 月。

2. 解体检查情况

解体检查发现 A 相低压线圈辐向变形明显，上、中、下部均存在不同程度的鼓包或坍塌现象，如图 8.1 所示；低压线圈导线局部绝缘破损，如图 8.2 所示。

图 8.1　A 相低压线圈鼓包和坍塌情况

图 8.2　A 相低压线圈导线局部绝缘破损

3．原因分析

该变压器低压线圈导线采用早期的扁铜线技术,并且导线的屈服强度较低,导致其自身的抗短路能力不足,同时由于短路故障发生在变电站内,属于近区短路,实际故障的短路电流较大,进而造成了变压器绕组的变形。

8.1.2 局部变形

案例 2：某 220 kV 主变压器辐向局部变形。

1．故障情况说明

220 kV 某变电站发生 35 kV 某线路因雷击造成的三相短路,进一步引发某 220 kV 主变压器故障跳闸。主变压器型号：SFSZ10-H-180000/220GY；出厂时间：2008 年 9 月。

2．解体检查情况

B 相低压绕组三个换位处(上、中、下)均出现线饼倒塌或倾斜现象,其中中部换位区域三匝线圈有烧损及断股情况,如图 8.3 所示。

图 8.3　B 相低压绕组

B 相低压硬纸筒对应故障部位有挤压破损及烧蚀现象,如图 8.4 所示；B 相铁心对应故障部位有 3 级烧损痕迹,如图 8.5 所示。

第 8 章 变压器短路损坏典型案例

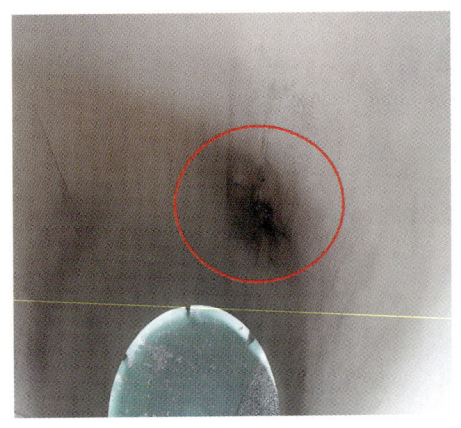

图 8.4 低压硬纸筒损坏

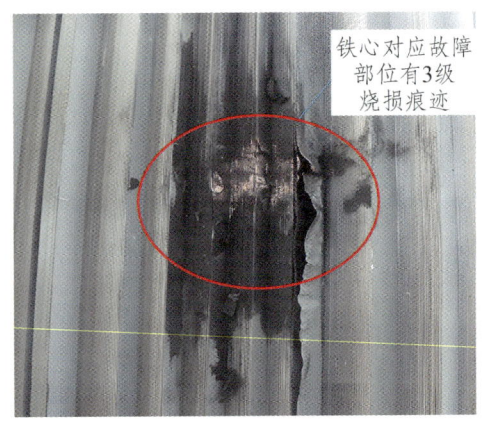

图 8.5 铁心烧损情况

C 相低压绕组上换位处出现导线倾斜现象，如图 8.6 所示。

图 8.6 C 相低压绕组局部轻微变形

3．原因分析

从解体检查情况来看，变压器低压线圈为螺旋线圈，采用 2-4-2 换位方式，从故障的展现形式来看，该变压器的螺旋线圈换位处为整个线圈遭受短路冲击时的薄弱点，产生变形及绝缘击穿的部位都集中在该部位。从本次故障各个线圈的解体情况来看，C 相线圈的局部变形反映出换位处在短路电流的冲击下首先出现了导线的倾倒，B 相线圈的故障情况反映出故障的发展过程，导线倾倒后绝缘破损，匝间绝缘击穿，进一步导致对铁心的放电击穿。

8.2 轴向损坏

8.2.1 轴向变形

案例 3：某 220 kV 主变压器轴向变形。

1．故障情况说明

220 kV 某变电站 35 kV 母差保护动作，经查短路持续时间 641 ms 后#1 主变压器重瓦斯、轻瓦斯动作，进一步引发某 220 kV 主变压器故障跳闸。设备型号：SFSZ10-180000/220；出厂时间：2006 年 7 月。

2．解体检查情况

解体检查发现，C 相铁心柱上部存在烧损痕迹，硬纸筒上方心柱围屏有烧蚀，C 相线圈下部有铜屑、纸屑散落，如图 8.7 和图 8.8 所示。

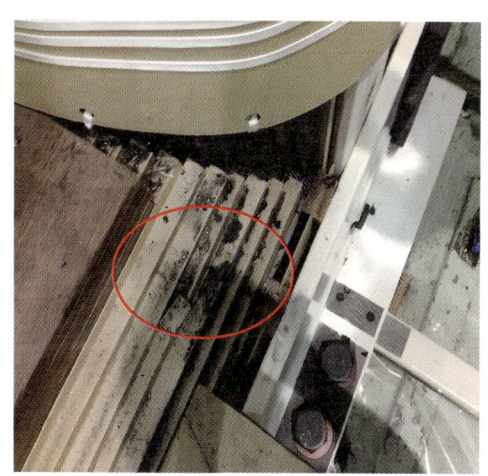 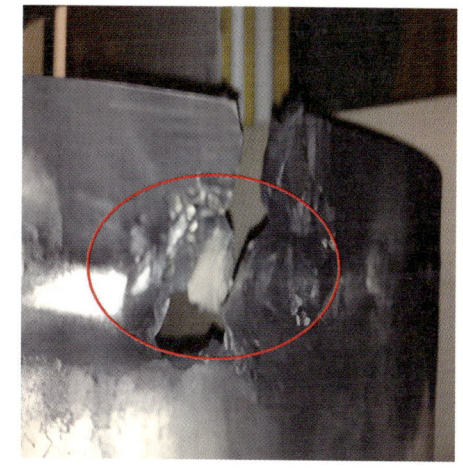

图 8.7　C 相下铁轭铜屑、纸屑散落情况　　　图 8.8　C 相心柱围屏烧蚀情况

进一步解体检查发现低压绕组存在变形及匝间短路损坏情况，如图 8.9 和图 8.10 所示。

第 8 章 变压器短路损坏典型案例

图 8.9 C 相低压绕组损坏、变形情况

图 8.10 C 相低压绕组损坏、变形局部情况

3. 原因分析

从解体检查情况来看,该变压器设计轴向抗短路能力不足,同时端部出线位置绑扎线饼数量不足,导致了该变压器绕组在遭受短路冲击时,绕组端部引出线附近发生轴向变形及匝间短路故障。

8.2.2 轴向压钉绷断

案例4：某110 kV主变轴向压钉绷断。

1．故障情况说明

110 kV某变电站1号主变压器发生重瓦斯动作，主变压器故障跳闸。主变压器故障前，主变压器低压侧线路曾先后发生3次相间及三相短路故障。设备型号：SFZ9-40000/110GYW；出厂时间：2005年4月。

2．解体检查情况

对1号主变压器进行了现场吊罩检查，发现1号主变压器上夹件有4颗压钉与夹件焊接部位断裂（A相1颗，B相3颗），其中2颗掉落，如图8.11～8.13所示。B相绕组上部垫块有掉落、移位现象。

图8.11 整体情况（低压出线侧）

图8.12 低压出线侧B相压钉掉落1颗

图8.13 高压出线侧，A相1颗压钉断裂

第8章 变压器短路损坏典型案例

对某变电站 1 号主变压器进行解体,将高低压绕组全部吊出进行全面检查,发现 b 相铁心柱上部有炭粒附着,低压 b 相绕组上端端圈断裂、端部 3-4 线匝短路、上端部轻微变形,如图 8.14~图 8.16 所示;a、c 相绕组外观基本完好。

图 8.14　低压 b 相端部导线匝间短路

图 8.15　低压 b 相上端部导线向内侧凹

图 8.16　低压 b 相绕组拔出后

3．原因分析

该变压器上部压紧结构设计存在缺陷,副压板与上铁轭下部之间未能有效填充及支撑,存在明显的空隙,在短路电动力作用下绕组发生向上的窜动时,线圈受到的全部轴向短路力传递至压钉上,使上铁轭压钉断裂、垫块松动移位,在多次多路冲击的情况下,线圈往复窜动过程中低压 b 相匝间绝缘受损,造成匝间短路故障。

8.3 累积冲击损坏

案例 5:某 110 kV 主变累积冲击变形。

1. 故障情况说明

110 kV 某变压器 35 kV 某线 B 相避雷器遭雷击掉落造成单相接地,进而发展为 A、B 相间及三相故障,最终导致主变压器跳闸。设备型号:SFSZ9-31500/110;出厂时间:2003 年 10 月。

2. 解体检查情况

对该主变压器进行解体检查,具体检查情况如下:

中压绕组 A、B、C 三相辐向严重鼓包变形,如图 8.17 所示。

图 8.17 中压 A、B、C 三相线圈辐向严重鼓包变形

低压绕组 A、B、C 三相线圈轴向和辐向严重鼓包变形,如图 8.18 所示。

图 8.18 低压 A、B、C 三相线圈辐向严重鼓包变形

3．原因分析

本次主变压器跳闸的主要原因是遭受了中压短路冲击，而调取该主变压器运行信息，该主变压器运行中，中、低压侧曾多次受到短路冲击，同时变压器中、低压线圈采用早期的扁铜线技术，线圈本身的抗短路能力不足，在累积多次冲击的情况下，造成变压器绕组的辐向变形。

8.4 小　结

根据近年来变压器短路损坏案例分析，其故障的主要原因如下：

（1）变压器设计裕度不足。早期的电网容量较小，系统短路时电流较小，因此变压器遭受短路冲击损坏的概率低，同时早期缺少变压器抗短路能力的试验手段，厂家对变压器抗短路能力设计考虑不周全，设计裕度不足，而随着电网规模的不断扩大，电力系统的短路电流逐步增加，导致变压器短路损坏案例频发。

（2）导线材料机械性能不足。早期的变压器线圈多数采用铜扁线，同时对导线材料的机械性能对变压器抗短路能力的认识不足，早期线圈导线的屈服强度较低，导致变压器在遭受短路冲击时线圈容易发生变形，近年来变压器普遍改为采用自黏换位导线，并且导线的屈服强度不断提升。

（3）早期制造工艺水平不足。近年来，为提升变压器的抗短路能力，制造厂家采用了恒压干燥、硬纸筒、高密度压板等制造工艺，与早期的工艺相比优势明显，使得变压器抗短路能力不断提升。

（4）运行工况的影响。随着电网系统容量的不断提升，同时变压器运行中会遭受重合闸冲击、多次短路冲击、多电源供电联合运行等工况，使得电力系统对变压器抗短路能力的要求不断提升，因此早期变压器短路损坏故障较多。

第 9 章　防控变压器短路损坏的措施

防控变压器遭受短路冲击损坏措施可以从设备全生命周期管理角度制定相应的措施，主要可以从设计方面、制造工艺和运行维护等方面制定有效的防控措施。

9.1　设计方面的措施

在决定变压器抗短路能力的诸多因素中，设计环节起着决定性作用。如果设计阶段抗短路能力裕度不足，后期是无法弥补的。

（1）设计方面应充分考虑运行工况的影响。变压器运行过程中系统容量会增大，同时运行时会遭受重合闸冲击、多次短路冲击、多电源供电联合等运行工况，因此在设计制造时应充分考虑相关工况并留有足够的裕度，才能保证变压器长期运行的安全。

（2）设计时需要控制安匝平衡。在设计中尽量使各个绕组安匝平衡，如对有调压分接段绕组，把分接段设计成独立绕组，严格控制导线应力及轴向力的计算值在规定范围以内。

（3）设计需考虑中间绕组两种短路力的影响。对于三相三绕组变压器而言，其中间的绕组可能承受辐向压缩短路力和辐向拉伸短路力的作用，这要求必须采取有效的辐向支撑措施，使中间绕组内部具有可靠的辐向支撑，以防止辐向失稳。

（4）做好轴向预紧力的控制。在进行产品设计时，要尽可能选用轴向短路力小的结构方案。绕组的轴向预压紧力，既要大于计算出的轴向短路力，并留有足够的裕度，还不能超过轴向失稳临界短路力的数值。

（5）加强变压器短路动态力的设计校核研究。目前，国标和行业标准中的短路校核计算短路力及判断标准都是以静态力计算为主，而实际变压器短路过程是一个动态过程，应开展变压器在短路时产生的动态机械力的研究，使目前计算轴向力和辐向应力的方法更符合短路状态时力的分布与大小的实际情况。

（6）加强对螺旋线圈旋转力校核设计的研究。螺旋式绕组在短路时会受到旋转力的作用，目前短路校核方面缺失相关短路力的校核计算，需进一步开展研究，同时要加强端部及绕组出头的绑扎与固定。

(7)绕组设置外撑条。所有绕组设置外撑条,并保证外撑条可靠地压在线段上,内线圈受到向内的压力,必要时内线圈可以考虑增加副撑条,以提高内线圈的抗短路能力。

9.2 制造工艺措施

(1)加强线圈的支撑。所有绕组都绕制在硬绝缘筒或者玻璃钢筒上,增加绕组的支撑点,对于大型变压器产品的绝缘筒,要求采用硬纸筒或玻璃钢纸筒,增加线圈的支撑点,来保证线圈耐受短路的能力。

(2)加强对线圈出线头的绑扎。特别是低压螺旋式线圈出头和调压线圈出头,需要增加控制绑扎饼数和圆周方向的绑扎数量。

(3)加强螺旋线圈首末端绕组的工艺管控。螺旋式绕组首末端均应拉平,从而减少线圈端部漏磁场的畸变,以减少绕组沿圆周方向转动的力。

(4)线圈应采用恒压干燥工艺。严格控制干燥处理后同相绕组的高度公差,以便使各绕组都能均匀压紧,当同相绕组高度不同时,应将调整垫块按设计要求放置。

(5)线圈套装要坚实。线圈在下落过程中要听到线圈与纸筒的摩擦声,尤其是内线圈一定要撑紧,各撑条均不得悬空,撑条辐向要对正。

(6)做好垫块工艺处理。垫块周边要倒圆角,避免短路时损坏匝间绝缘。

(7)保证引线固定牢靠。引线用层压木夹件支撑、夹紧,开槽处垫以附加绝缘,既增加绝缘强度,也可保证夹持牢固。

(8)加强内侧绕组与铁心柱之间的支撑,绕组内侧用硬纸筒作骨架,必要时增加绕组撑条数量,以提高内侧绕组的辐向稳定性。

9.3 原材料选择措施

(1)选择抗短路能力更强的导线。提高导线的硬度和采用自黏性换位导线是提高绕组抗短路能力最有效的措施,内绕组若采用换位导线,一定要用自黏性换位导线。将变压器低压绕组导线截面增大,提高导线抗弯强度,减少垫块在轴向所占的比例,以减少垫块在运行中收缩造成绕组轴向尺寸变化及预紧力变化。

（2）垫块及纸板的选择应选取经过密化处理的材料。绕组垫块采用硬质纸板及相同质量的国产纸板，并应进行密化处理。

9.4　设备选型

在变压器设备选型阶段，在满足基本应用要求的基础上，可优先选择中、高阻抗的变压器，减少其运行中遭受短路冲击时的短路电流，有效防控变压器遭受短路冲击。

9.5　运行维护措施

（1）加强变压器中低压侧设备的运行维护。运行中的高压室应采取防潮、防尘、降温措施，必要时安装空调或者工业除湿机。定期开展开关柜的局放检测，对易发故障设备加强关注，主要包括电缆进线柜、电压互感器柜等。重视电磁式电压互感器励磁特性试验，对励磁特性不满足要求的电压互感器应及时进行更换。

（2）加强变压器短路冲击后的试验分析。变压器在遭受近区突发短路跳闸后，应做低电压短路阻抗测试、绕组对地电容及频响绕组变形等试验诊断，并与原始记录比较，判断变压器无故障后，方可投运。

（3）加强电缆线路的重合闸设置管控。电缆线路不应采用重合闸；对于含电缆的混合线路，应采取相应措施，防止变压器连续遭受短路冲击。

（4）加强主变压器中低压侧绝缘包裹运行维护。变电站中变压器 6~35 kV 侧引出线应进行绝缘包裹，并且结合日常巡维检查绝缘包裹及老化情况，发现异常时应及时处理。

（5）加强在运变压器抗短路能力的校核与管控。结合运行短路电流和变压器自身耐受短路电流水平进行比对，对于抗短路能力不满足运行要求的变压器，需要制定相应的管控措施，防控变压器短路损坏。

（6）加强短路损坏变压器分析。对于短路损坏的变压器，应结合解体分析时开展设计参数测试及导线屈服强度测试，通过结构参数和导线的性能校核分析同厂、同批产品的实际耐受短路能力，为后续设备的运行维护制定措施。

参考文献

[1] 辛朝辉，钟俊涛，傅铁军，等. 大容量变压器内绕组短路强度研究[J]. 变压器，2009，46（8）：39-42.

[2] 王梦云. 110 kV 及以上变压器事故统计与分析[J]. 供用电，2005，22（2）：8-12.

[3] 王梦云. 110 kV 及以上变压器事故统计分析[J]. 供用电，2006，23（1）：1-4.

[4] 王梦云. 110 kV 及以上变压器事故与缺陷统计分析[J]. 供用电，2007，24（1）：1-5.

[5] 陈为化，王超. 冰雪灾害对电网的影响及危机调度研究[J]. 华东电力，2010，38（2）：231-235.

[6] 郭建，林鹤云，徐子宏，等. 单螺旋绕组变压器支路电流的场路耦合计算及分析[J]. 电工技术学报，2010，25（4）：65-70.

[7] 徐建学，黄洪，张培真，等. 弹性支持扁拱动力稳定性分析和变压器内线圈短路动稳定分析[J]. 应用力学学报，1992，9（2）：14-25.

[8] 王世山，李彦明. 电力变压器绕组电动力的分析计算[J]. 高压电器，2002，38（4）：22-25.

[9] 王录亮，刘文里，李阳阳，等. 电力变压器绕组辐向电动力的计算[J]. 变压器，2012，49（2）：1-5.

[10] 王录亮，刘文里，于会凤. 电力变压器绕组辐向短路动态力的计算[J]. 变压器，2013，50（1）：14-17.

[11] 杨静，盛慧慧，魏晓伟. 500 kV 变压器内部短路损坏事故分析[J]. 变压器，2010，46（6）：74-78.

[12] CAHYONO B, ARIFIANTO I. Thermal condition assessment of power transformer[C]. Proceedings of the 9th International Conference on Properties and Applicational of Dielectric Materials, Harbin, 2009: 60-62.

[13] 路长柏，郭振岩. 电力变压器理论与计算[M]. 沈阳：辽宁科学技术出版社，2007.

[14] 刘传彝. 电力变压器设计计算方法与实践[M]. 沈阳：辽宁科学技术出版社，2002.

[15] 谢毓城. 电力变压器手册[M]. 北京：机械工业出版社，2003.

[16] 赵国生. 磁滞数学模型及考虑磁滞时磁场数值计算[M]. 郑州：黄河水利出版社，2004.

[17] 杜永，程志光，颜威力，等. 电力变压器全斜接缝碟片铁心工作条件下的磁性能模拟[J]. 电工技术学报，2010，25（3）：14-19.

[18] 河源，李新，罗建. 利用磁滞回线辨识变压器励磁电感研究[J]. 电力系统保护与控制，2013，41（14）：19-23.

[19] 熊兰，周健瑶，宋道军，等. 基于改进 J-A 磁滞模型的电流互感器建模及实验分析[J]. 高电压技术，2014，40（2）：482-488.

[20] 杜永. 面向变压器工程的铁磁材料电磁性能的模拟研究[D]. 天津：河北工业大学，2010.

[21] 刘宗川. 铁磁性材料磁滞回线数学模型的研究[D]. 南宁：广西大学，2006.

[22] ANNAKKAGE U D, MCLAREN P G, JSYSDINGHE R P. A current transformer model based on the Jiles-Atherton theory of ferromagnetic hysteresis[J]. IEEE Transactions on Power Delivery, 2000, 15(1): 57-61.

[23] 王燕，皇甫成，赵淑珍，等. 考虑铁磁磁滞的变压器励磁涌流仿真分析[J]. 电力系统自动化，2009，33（15）：78-83.

[24] LEITE J V, BENABOU A, SADOWSKI N, et al. Finite element three-phase transformer modeling taking into account a vector hysteresis[J]. IEEE Transactions on Magnetics, 2009, 45(3): 1716-1719.

[25] THEOCHARIS A D, ARGITIS J M, ZACHARIAS T. Three-phase transformer model including magnetic hysteresis and eddy current effects[J]. IEEE Transactions on Magnetics, 2009，24(3): 1284-1294.

[26] 王洋，王昕. 基于 J-A 模型磁滞回线仿真及有效性研究[J]. 农业科技与装备，2011，（10）：50-53.

参考文献

[27] 李超,徐启峰. 非晶合金J-A模型修正[J]. 电机与控制学报,2014,18(7): 86-93.

[28] 李超,徐启峰. J-A模型误差修正和温度特性仿真[J]. 电工技术学报,2014,29(9): 232-238.

[29] NAZARZADEH J, NAEINI V. A generalized dynamical model for transformers with saturation and hysteresis effects[J]. Mathematical and Computer Modelling of Dynamical Systems, 2013, 19(1): 51-66.

[30] 刘福贵. 考虑磁滞特性的磁场数值分析及磁特性测量技术研究[D]. 天津:河北工业大学,2001.

[31] 许超英,李海峰,赵建仓,等. 电力变压器励磁涌流和故障电流仿真研究[J]. 继电器,2002,30(6): 29-32.

[32] 万凯,刘会金.计及剩磁效应的变压器模型[J]. 变压器,2002,39(5): 10-13.

[33] ZHENG T, LIU J F, LIU W S, et al. Simulation of transformer hysteresis loop using fractal theory[C]. Proceedings of the 2002 IEEE Canadian Conference on Electrical and Computation Engineering, Canada, 2002: 133-137.

[34] 李明武,梁冠安. 变压器有载合闸过程中故障分闸后铁心剩磁分析[J]. 高压电器,2003,39(5): 26-28.

[35] 李明武. 电力变压器励磁涌流的消除机理及其DPS最优化控制[D]. 广州:华南理工大学,2004.

[36] 吴丹. 变压器继电保护中励磁涌流识别方法的研究[D]. 长沙:湖南大学,2007.

[37] 王晓燕. 电工钢片的磁特性测量和模拟方法的研究[D]. 沈阳:沈阳工业大学,2009.

[38] 黄绍平,金国彬,李玲. 750 kV输电线路单相重合闸仿真研究[J]. 湖南工程学院学报,2010,20(2): 1-4.

[39] 邢运民,罗建,周建平,等. 变压器铁心剩磁估量[J]. 电网技术,2011,35(2): 169-172.

[40] 范兴明,葛琳,张鑫,等. 基于选相合闸技术的变压器励磁涌流的仿真分析[J]. 高压电器,2014,50(2): 54-59.

[41] CARDELLI E. TORRE E D, ESPOSITO V, et al. Theoretical considerations of magnetic hysteresis and transformer inrush current[J]. IEEE Transactions on Magnetics, 2009, 45(11): 5247-5250.

[42] ADLY AA, HANAFY H H. Incorporating core hysteresis properties in three-dimensional computations of transformer inrush current forces[J]. Journal of applied physics, 2009, 105(7): 105-107.

[43] ADLY A A. Compution if inrush current forces on transformer windings[J]. IEEE Transactions on Magntics, 2001,37(4):2855-2857.

[44] LEITE J V, BENABOU A, NELSON SADOWSKI. Transformer inrush current taking into account vector hysteresis [J]. IEEE Transactions on magnetics, 2010, 46(8): 3237-3240.

[45] MOSES P S, TOLIYAT H A. Dynamic modeling of three-phase asymmetric power transformers with magnetic hysteresis: no-load and inrush conditions[J]. IEEE Transactions on Magnetics, 2010, 24(4): 1040-1047.

[46] ZIRKA S E, MOROZ Y I, MOSES A J. Static and dynamic hysteresis models for studying transformer transients [J]. IEEE Transactions on Power Delivery, 2011, 5(12): 1-11.

[47] 胥杰,张永健. 基于 matlab 的自适应单相自动重合闸[J]. 华东电力,2010,38（2）：227-230.

[48] 皇甫成,魏远航,钟连宏,等. 基于对偶性原理的三相多芯柱变压器暂态模型[J]. 中国电机工程学报,2007,27（3）：83-88.

[49] 马玉利,戴心锐. 铁磁材料动态磁滞回线测绘方法的优化设计[J]. 物理与工程, 2012,22（5）：32-34.

[50] 曹鸿泰,黄汝磷,姚缨英. 磁滞回线测量方法与 simulink 仿真研究[J]. 机电工程,2014,31（3）：383-387.

[51] 李都红,张小青,李敬怡,等. 一种测量铁磁材料磁滞回线的方法及仿真[J]. 变压器,2008,45（4）：38-39.

[52] 田立坚,岳军. 大型变压器线圈短路电磁力的数值计算[J]. 东北电力技术,2000（2）：3-5.

[53] 梁振光. 大型变压器场路耦合三维瞬态涡流场和绕组短路强度的研究[D].沈阳：沈阳工业大学,2001.

[54] 梁振光,唐任远. 采用场路耦合的三维有限元法分析变压器突发短路过程[J]. 中国电机工程学报,2003,23（3）：137-140.

参考文献

[55] 胡冠中. 变压器绕组内部短路故障的数值模拟方法研究[D]. 杭州: 浙江大学, 2006.

[56] 宋书才, 王建民, 张喜乐, 等. 特高压换流变压器电磁场特性的数值应用研究[J]. 电力建设, 2007, 28（7）: 14-18.

[57] 许加柱, 罗隆福, 李勇, 等. 新型换流变压器绕组电磁力的分析计算[J]. 高电压技术, 2007, 33（6）: 102-105.

[58] KULKARNI S V, KUMBHAR G B. Analysis of short circuit performance of split-winding transformer using coupled field-circuit approach[C]. 2007 IEEE Power Engineering Society General Meeting, PES, Tampa, FL, United States, 2007.

[59] KUMBHAR G B, KULKARNI S V. Analysis of short-circuit performance of split-winding tran-sformer using coupled field-circuit approach[J]. IEEE Transactions on Power Delivery, 2007, 22(2): 936-943.

[60] REZA F M, SABAHI M. Finite element analyses of short circuit forces in power transformers with asymmetric conditions[C]. IEEE International Symposium on Industrial Electronics, Cambridge, 2008: 576-581.

[61] KUMBHAR G B, MAHAJAN S M. Field-circuit coupled formulation of transient phenomena in current transformers[C]. 2009 IEEE Power and Energy Society General Meeting, PES '09, 2009.

[62] UCHIYAMA N, SATIO S, KASHIWAKURA M, et al. Axial vibration analysis of transformer windings with hysteresis of stress-and-strain characteristic of insulating materials[C]. 2000 Power Engineering Society summer Meeting, Seattle, 2000: 2428-2433.

[63] 王春成. 大型变压器绕组短路电磁力计算及强度研究[D]. 沈阳: 沈阳工业大学, 2001.

[64] 王春成, 梁振光, 赵清, 等. 变压器高压绕组短路强度的研究[J]. 变压器, 2000,（12）: 1-5.

[65] 梁振光, 王春成, 唐任远, 等. 采用大位移几何非线性理论的变压器低压绕组辐向稳定性研究[J]. 变压器, 2002, 39（10）: 1-4.

[66] 梁振光, 唐任远. 大型电力变压器绕组的短路强度问题[J]. 变压器, 2003,（08）: 9-12.

[67] 钟俊涛，辛朝辉. 大容量变压器内线圈短路强度研究[J]. 华北电力大学学报，2002，5（2）：56-59.

[68] WANG Z Q, WANG M, GE Y Q. The axial vibration of transformer winding under short circuit condition[C]. 2002 International Conference on Power System Technology Proceedings, Kunming, 2002: 1630-1633.

[69] STEURER M, FROHLICH K. The impact of inrush currents on the mechanical stress of high voltage power transformer Coils[J]. IEEE Transactions on Power Delivery, 2002, 17(1): 155-160.

[70] OH Y H, SONG K D, LEE B Y, et al. Displacement measurement of high-voltage winding for design verification of short-circuit strength of transformer[C]. 2003 IEEE PES Transmission and Distribution Conference, 2003: 831-835.

[71] MENG Z Q, WANG Z Q. The analysis of mechanical strength of HV winding using finite element method, Part1 Calculation of electromagnetic forces[C]. 39th International Universities Power Engineering Conference, 2004, Bristol: 170-174.

[72] 邵宇鹰，饶柱石，谢坡岸，等. 预紧力对变压器绕组固有频率的影响[J]. 噪声与振动控制，2006，12（6）：51-53.

[73] 王世山，汲胜昌，李彦明. 电缆绕组变压器线圈短路机械强度的计算[J]. 应用力学学报，2006，23（2）：275-279.

[74] 李岩，刘爽，李文海，等. 31 500 kV·A 电力变压器绕组短路强度计算[J]. 变压器，2007，44（2）：8-13.

[75] 刘爽. 大型电力变压器绕组短路强度计算与分析[D]. 沈阳：沈阳工业大学，2007.

[76] 李岩，刘爽，李文海，等. 电力变压器绕组短路强度计算软件[J]. 变压器，2008，45（3）：1-5.

[77] 李岩，李洪奎，孙昕，等. 电力变压器绕组短路强度、温升、电场计算与分析[J]. 变压器，2009，46（5）：8-11.

[78] 郭建，林鹤云，徐子宏，等. 用有限元方法分析电力变压器绕组轴向稳定性[J]. 高电压技术，2007，33（11）：209-212.

[79] 刘晓丽. 电缆绕组变压器暂态漏磁场及短路强度的研究[D]. 哈尔滨：哈尔滨理工大学，2008.

参考文献

[80] 姜益民,王怡风. 变压器短路耐受能力试验的重要性[J]. 变压器,2008,45(11):26-29.

[81] FAIZ J, EBRAHIMI B M, NOORI T, et al.Three- and two-dimensional finite-element computation of inrush current and short-circuit electromagnetic forces on wingdings of a three-phase core-type power Transformer[J]. IEEE Transactions on Magnetics. 2008, 44(5): 590-597.

[82] 沈煜,黄友生,汪涛,等. 1 000 kV 特高压变压器现场绕组变形测量技术研究[J]. 湖北电力,2009,33(1):5-7.

[83] 辛朝辉,钟俊涛,傅铁军,等. 大容量变压器内绕组短路强度研究[J]. 变压器,2009,46(8):39-42.

[84] 桂顺生,傅坚,姜益民,等. 轴向预紧力对变压器绕组振动响应幅值的影响[J]. 电工技术,2009(2):12-13.

[85] LEE J Y, AHN H M, KIM J K, et al. Finite element analysis of short circuit electromagnetic force in power transformer[C]. 2009 12th International Conference on Electrical Machines and Systems (ICEMS 2009), Tokyo, 2009.

[86] AHN H M, LEE J K, KIM J K, et al. Finite-element analysis of short-circuit electromagnetic force in power transformer[J]. IEEE Transactions on Industry applications 2011, 47(3): 1267-1271.

[87] FAIZ J, EBRAHIMI B M, ELHAIJA W A. Computation of static and dynamic axial and radial forces on power transformer winding due to inrush and short circuit currents[C]. 2011 IEEE Jordan Conference on Applied Electrical Engineering and Computing Technologies, Jordan, 2011.

[88] TUETHONG P, YUTTHAGOWITH P, KUNAKORN A, et al. Internal failure analysis of transformer windings[C]. 2012 International Conference on High Voltage Engineering and Application, Shang Hai, 2012.

[89] 孟庆民,陈玉红,洛君婷,等. 大容量变压器内绕组辐向失稳特性的模拟研究[J]. 变压器,2010,47(4):32-40.

[90] 陈玉红,杨杰,孟庆民,等. 变压器绕组短路振动辐向模拟信号的采集和分析[J]. 变压器,2011,48(4):33-40.

[91] 朱英浩. 短路机械力耐受能力试验[J]. 变压器,2001,38(1):1-7.

[92] VERMA P, CHAUHAN D S, SINGH P, et al. Effects on tensile strength of transformer insulation paper under accelerated thermal and electrical stress[C]. 2007 Annual Report Conference on Electrical Insulation and Dielectric Phenomena, Vancouver, 2007:619-622.

[93] 汪德军. 大型电力变压器状态评估方法的理论研究[D] .北京：华北电力大学，2010.

[94] RAGHUNATHAN A, MELIKHOV Y, SNYDER J E, et al.Theoretical model of temperature dependence of hysteresis based on mean field theory[J]. IEEE Transactions on Magnetics, 2010, 46（6）：1507-1510.

[95] 徐永明，郭荣，张洪达. 电力变压器绕组短路电动力计算[J]. 电机与控制学报，2014，18（5）：36-41.

[96] 王欣伟，连建华，俞华，等. 电力变压器内绕组辐向抗短路能力的计算与分析[J]. 变压器，2013，50（1）：8-11.

[97] 闫振华，马波，马飞越，等. 220 kV 电力变压器短路动力学性能分析[J]. 高压电器，2014，50（3）：79-83.

[98] KIM Y S, CHOI H S, PARK I H, et al.Partial segment force on ferromagnetic material of high-field magnetic system[J]. IEEE Transactions on Magnetics, 2011, 47（5）：1030-1033.

[99] MOKHTARI G, GHAREHPETIAN G B, HEJAZI M A, et al. Simulation of on-line monitoring of transformer winding axial displacement[C]. International Conference on Electrical Machines, Rome, 2010.

[100] 程志光，高桥则雄，博扎德·弗甘尼，等. 电气工程电磁热场模拟与应用[M]. 北京：科学出版社，2008.

[101] 张朝晖. ANSYS11.0 结构分析工程应用实例解析[M]. 北京：机械工业出版社，2008.

[102] 赵志刚，李光范，李金忠，等. 基于有限元法的大型电力变压器抗短路能力分析[J]. 高电压技术，2014，40（10）：3214-3220.

[103] 李晓萍，彭清顺，李金保，等. 变压器铁心磁滞模型参数辨识[J]. 电网技术，2012，36（2）：200-205.

[104] JILES D C, THOELKE J B, DEVINE M K. Numerical determination of hysteresis

parameters for the modeling of magnetic properties using the theory of ferromagneric hysteresis[J]. IEEE Transactions on Magnetics, 1992, 28(1): 27-35.

[105] JILES D C. Hysteresis models: non-linear magnetism on length scales from the atomistic to the macroscopic[J]. Magnetism and Magnetic to the macroscopic, 2002, 242（1）: 116-124.

[106] 北京大学物理系《铁磁学》编写组.铁磁学[M]. 北京：科学出版社，1976.

[107] 白保东，赵晓旋，陈德志，等. 基于 J-A 模型对直流偏磁条件下变压器励磁电流的模拟及实验研究[J]. 电工技术学报，2013，28（2）: 162-166.

[108] 李文海. 有关变压器承受短路力问题的商讨[J]. 变压器，2005，42（8s）: 8-12.

[109] 哈尔滨工业大学，沈阳变压器研究所. 大容量变压器短路强度研究[R]. 沈阳：85-303-01-01-3A，2001.

[110] 张浩波，王莉艳. 晶体 Cu 和 Ar 弹性模量随压强和温度的变化关系[J]. 西南师范大学学报，2004，29（1）: 67-70.

[111] 冯瑞. 金属物理学[M]. 北京：科学出版社，1987.

[112] 李航，刘文里，陈起超，等. 大容量变压器高压绕组短路强度与辐向稳定性分析[J]. 黑龙江电力，2014，36（4）: 321-330.

[113] 邱吉宝，向树红，张正平，等. 计算结构动力学[M]. 北京：中国科学技术大学出版社，2009.

[114] 谢贻权，何福保. 弹性和塑性力学中的有限元法[M]. 北京：机械工业出版社，1981.

[115] 陈文峰. 变压器绕组变形检测方法研究[J]. 电气开关，2012，3（4）:9-32.